全国高职高专教育土木建筑类专业新理念教材

建筑构造与识图

◎ 主　编　李慧宇　董海龙　林　格
◎ 副主编　陈伟忠　王　冰　纪晓佳

同济大学出版社
TONGJI UNIVERSITY PRESS

内 容 提 要

本书根据建筑构造与识图课程的特点和要求,从高等职业教育教学特点和培养高职人才的要求出发,总结多年来建筑工程制图与识图方面的教学和工作经验,按照最新国家标准和规范组织编写的。全书内容系统全面,图示直观,简单易懂,注重实用性,充分体现了项目教学与训练的改革思路。

本书内容主要分为建筑制图的基础知识、建筑构造及建筑工程施工图的识读三大部分,具体包括:制图的基本知识、投影的基本知识、建筑的基本知识、基础和地下室、墙体、楼地层、屋顶、楼梯与电梯、门与窗、变形缝、建筑施工图、建筑结构施工图。内容的选择上突出以职业能力培养为主线,注重处理知识、能力和素质三者之间的关系,以体现基础知识、基础理论为出发点,加强基本技能和职业能力的培养,采取理论与实践一体化的模式,培养学生的动手能力和实践能力。

本书适用于应用型本科及高专高专类院校的建筑工程类相关专业,同时也可作为相关专业人员培训、学习及各类考试的辅导用书。

图书在版编目(CIP)数据

建筑构造与识图 / 李慧宇,董海龙,林格主编. --
上海:同济大学出版社,2020.10
ISBN 978-7-5608-9463-8

Ⅰ. ①建… Ⅱ. ①李… ②董… ③林… Ⅲ. ①建筑构造—教材 ②建筑制图—识图—教材 Ⅳ. ①TU22
②TU204.21

中国版本图书馆 CIP 数据核字(2020)第 168734 号

建筑构造与识图

主编 李慧宇 董海龙 林 格		**副主编** 陈伟忠 王 冰 纪晓佳	
责任编辑 张 莉	**助理编辑** 任学敏	**责任校对** 徐春莲	**封面设计** 陈益平

出版发行 同济大学出版社 www.tongjipress.com.cn
　　　　　(地址:上海市四平路 1239 号 邮编:200092 电话:021-65985622)
经　销 全国各地新华书店
排　版 南京月叶图文制作有限公司
印　刷 常熟市华顺印刷有限公司
开　本 787mm×1092mm 1/16
印　张 15.5
字　数 387 000
版　次 2020 年 10 月第 1 版 2020 年 10 月第 1 次印刷
书　号 ISBN 978-7-5608-9463-8

定　价 52.00 元

前　　言

"建筑构造与识图"是建筑类各专业的一门既有系统理论又有较多社会实践的重要专业技能基础课程,是学生在专业学习阶段接触最早、应用最广的专业基础课程之一。传统教材在内容设置的深度及广度、教学环节的先后顺序安排等方面不适用于新时代背景下职业教育的新思路。

为积极推进课程改革和教材建设,满足高职高专教育教学改革和发展的需要,我们根据高职高专院校建筑施工技术、建设工程监理、工程造价等相关专业的教学要求和人才培养方案,组织编写了本书。

本书利用有限的教学资源,整合课程中知识技能培养的侧重方向,面向施工员、资料员、造价员等施工一线工作岗位,有针对性地结合人才需求培养学生的工程图纸识读能力、简单图样的绘制能力以及对房屋建筑构造的认知和表达能力。

本书具有以下特色:

(1)根据国家相关现行规范编写,内容新颖,紧密结合行业发展需要。

(2)把建筑构造知识融入建筑识图中,分模块编排教学内容。课程模块以"学习、知识和技能目标—章节内容介绍—实训练习"的形式,构建了问题引入、课程学习、实训练习的全过程教学环节,有助于学生思考、复习和巩固所学的知识。

(3)在章节安排上,结构层次分明,注重理论与实际相结合,加大了实践运用力度。

(4)识图模块中引用的图纸案例为某仿真模拟软件中的一套图纸,可结合理论知识和仿真模拟软件开展线上与线下互动教学,简单易懂,便于初学者理解掌握。

　　本书由浙江安防职业技术学院李慧宇、董海龙、林格担任主编,陈伟忠、王冰、纪晓佳担任副主编。全书分三部分共十二章,具体编写分工为:第一部分,第二部分的第三章、第四章、第五章由李慧宇负责编写;第二部分的第六章、第七章、第八章由董海龙负责编写;第九章由王冰负责编写;第十章由陈伟忠负责编写;第三部分的第十一章由林格负责编写;第十二章由纪晓佳负责编写。

　　在本书编写过程中,编者查阅了大量的参考资料和最新论著,在此向这些资料的作者表示衷心感谢。

　　由于编者水平及时间有限,书中不足之处在所难免,敬请各位读者与同仁批评指正。

编　者

2020 年 5 月

目　录

第一部分 | 基础知识

第一章　制图的基本知识

通过本章的学习,学生应理解并遵守国家关于制图的标准和规定;掌握常见制图工具的性能及使用方法;初步掌握建筑制图的基本技能。

1. 掌握常用制图工具的使用方法。
2. 掌握制图标准中对图幅的大小与格式、线型、字体、尺寸标注等的要求。
3. 了解制图的基本过程。

1. 能参照制图标准对图幅、格式、线型与线宽进行选择。
2. 正确书写长仿宋体字与西文字符。
3. 掌握图样中尺寸的组成与标注方法。
4. 正确使用图板、丁字尺、三角板、比例尺、圆规、分规等常用制图工具。
5. 正确使用铅笔和针管笔等绘制图样。
6. 通过练习掌握基本绘图技能。

工程图样是建筑设计、机械制造等工程领域的专业人员用来表达设计意图、交流设计思想的技术文件,是建筑施工、零件制作的重要依据。在建筑工程领域,所有的建筑图都是运用建筑制图的基本理论及方法绘制而成的,绘制过程及成果都必须符合国家统一的建筑制图标准。

第一节　常用制图工具及使用方法

一、图板

图板是画图时用来放置图纸的垫板,一般为木质并要求板面平坦光洁,图板的左边为导边(图 1-1)。图板的大小有各种不同规格,根据所需绘制的图纸大小来选定。0 号图板适用于画 A0 号图纸,1 号图板适用于画 A1 号图纸,以此类推。图板放置对应型号图纸后四周会略有余宽。在绘制过程中,图板要整体平放于桌面上,板身宜与水平桌面成 10°～15°倾斜。为保持使用耐久性,图板不可用水刷洗或在阳光下暴晒。

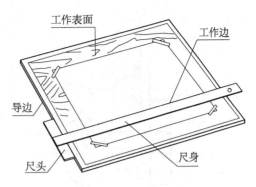

图 1-1　图板和丁字尺

二、丁字尺

丁字尺由相互垂直的尺头和尺身组成(图 1-1)。尺身与尺头连接为一体,不可分开使用,尺头的内侧面须平直,使用时将尺头内侧紧靠图板的左侧边(导边)。在绘制同一张图纸时,尺头只能沿导边上下平移,不可在图板的其他边滑动,以避免画出的线不准确。丁字尺的尺身工作边必须平直光滑,不宜用丁字尺的尺身工作边裁纸。丁字尺用完后,要竖直挂起来,以避免尺身弯曲变形或折断。

丁字尺主要用来绘制水平线,且只能沿尺身上侧画线。作图时,左手固定尺头,使它始终紧靠图板左侧,上下移动丁字尺,直至工作边对准要画线的地方,要从左至右绘制水平线。绘制较长的水平线时,可把左手滑过来按住尺身,以防止尺尾翘起或尺身摆动(图 1-2)。

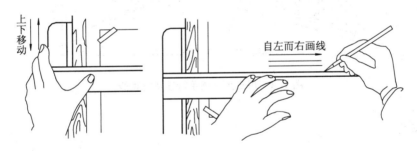

图 1-2　上下移动丁字尺及绘制水平线的方法

三、三角尺

一副三角尺有两块,可绘制角度分别为 30°,60°,90° 和 45°,45°,90°,后者的斜边等于前者的长直角边。三角尺除了直接用来绘制直线外,还可以与丁字尺配合绘制铅垂线及绘制 30°,45°,60° 及 $n×15°$ 的各类斜线(图 1-3)。

绘制铅垂线时,先将丁字尺移动到所需绘制的图线下方,把三角尺放在要画线的右方,并使其中一直角边紧靠丁字尺的工作边,然后移动三角尺,直到另一直角边对准要画线的地方,再用左手同时按住丁字尺和三角尺,自下而上画线[图 1-3(a)]。

丁字尺与三角尺配合绘制斜线及两块三角尺配合绘制各种斜度的相互平行或垂直的直线时,其画线方向如图 1-3(b)和图 1-4 所示。

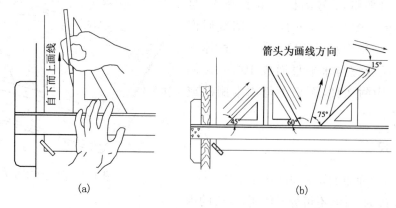

(a)   (b)

图 1-3　用三角尺和丁字尺配合画垂直线和各种斜线

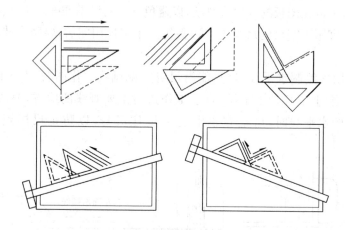

图 1-4　用三角尺画平行线及垂直线

四、铅笔

　　绘图铅笔有各种不同的硬度。标号 B，2B，…，6B，表示软铅芯，数字越大，表示铅芯越软；标号 H，2H，…，6H，表示硬铅芯，数字越大，表示铅芯越硬；标号 HB 表示中软。画底稿宜用 H 或 2H 铅笔，徒手作图可用 HB 或 B 铅笔，加重直线用 H，HB（细线），HB（中粗线），B 或 2B（粗线）铅笔。铅笔尖应削成锥形，芯露出 6～8 mm。削铅笔时要注意保留有标号的一端，以便始终能识别其软硬度（图 1-5）。

　　使用铅笔绘图时，用力要均匀，用力过大会划破图纸或在纸上留下凹痕，甚至折断铅

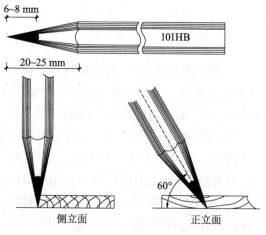

图 1-5　铅笔及其用法

芯。画长线时要边画边转动铅笔,使线条粗细一致。画线时,从正面看笔身应倾斜约60°,从侧面看笔身应铅直(图1-5)。持笔的姿势要自然,笔尖与尺边距离始终保持一致,线条才能画得平直准确。

五、圆规、分规

(一)圆规

圆规是用来画圆及圆弧的工具(图1-6)。圆规的一条腿为可固定紧的活动钢针,其中有台阶状的一端多用来加深图线时用;另一条腿上附有插脚,根据不同用途可分别换上铅芯插脚、鸭嘴笔插脚、针管笔插脚、接笔杆(供画大圆用)。画图时应先检查两脚是否等长,当针尖插入图板后,留在外面的部分应与铅芯尖端平(画墨线时,应与鸭嘴笔脚平),如图1-6(a)所示。铅芯可磨成约65°的斜截圆柱状,斜面向外,也可磨成圆锥状。

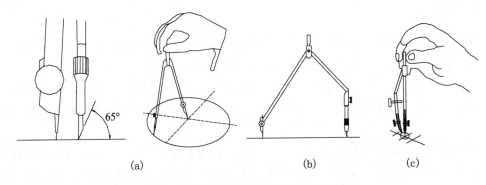

(a) (b) (c)

图1-6　圆规的针尖和画圆的操作方式

画圆时,首先调整铅芯与针尖的距离等于所画圆的半径,再用左手食指将针尖送到圆心上轻轻插住,尽量不使圆心扩大,并使笔尖与纸面的角度接近垂直;然后右手转动圆规手柄,转动时,圆规应向画线方向略为倾斜,速度要均匀,沿顺时针方向画圆,整个圆一笔画完。在绘制较大的圆时,可将圆规两插杆弯曲,使用它们时仍然保持与纸面垂直[图1-6(b)]。直径在10 mm以内的圆,一般用点圆规来画。使用时,右手食指按顶部,大拇指和中指按顺时针方向迅速地旋动套管,画出小圆,如图1-6(c)所示。需要注意的是,画圆时必须保持针尖垂直于纸面,圆画出后,要先提起套管,然后再拿开点圆规。

(二)分规

分规是截量长度和等分线段的工具,它的两条腿必须等长,两针尖合拢时应会合成一点[图1-7(a)]。用分规等分线段的方法如图1-7(b)所示。例如,将线段 AB 4 等分,先目测估计,将分规两脚张开,使两针尖的距离大致等于 $\frac{1}{4}AB$,然后两针尖交替画弧,在该线段上分别截取1,2,3,4四个等分点;假设点4落在 B 点以内,距差为 e,这时可将分规再开 $\frac{1}{4}e$,再行试分,若仍有差额(也可能超出 AB 线外),则照样再调整两针尖距离(或加或减),直到恰好等分为止。

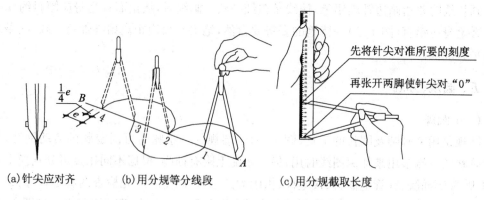

(a)针尖应对齐　　　(b)用分规等分线段　　　(c)用分规截取长度

图 1-7　分规的用法

六、比例尺

比例尺是用来放大或缩小线段长度的尺子。常用的一种比例尺为三棱柱状,叫做三棱尺。三棱尺上刻有 6 种刻度,通常分别表示为 1∶100,1∶200,1∶300,1∶400,1∶500,1∶600 共 6 种比例。有的为直尺形状,叫做比例尺,它只有一行刻度和三行数字,三行数字表示三种不同比例,即 1∶100,1∶200,1∶500。比例尺上的数字以米(m)为单位。

比例尺的用法:已知图的比例为 1∶200,要知道图上线段 AB 的实长,就可以用比例尺上 1∶200 的刻度去度量。将刻度上的零点对准 A 点,而 B 点恰好在刻度15.2 m处,则线段 AB 的长度可直接读得 15.2 m,即 15 200 mm。比例尺是用来量取尺寸的,不可用来画线。

七、墨线笔(绘图墨水笔、针管笔)

墨线笔也叫绘图墨水笔,因其笔尖是一支细的针管,又名针管笔(图 1-8)。绘图墨水笔能像普通钢笔一样吸取墨水。笔尖的管径从 0.1~1.2 mm,有多种规格,可根据线型粗细而选用。使用时应注意保持笔尖清洁。

图 1-8　绘图墨水笔

八、建筑模板

建筑模板主要用来画各种建筑标准图例和常用符号,如柱、墙、门开启线、大便器、污水盆、详图索引符号、轴线圆圈等。模板上刻有可以画出各种不同图例或符号的孔(图 1-9),其大小已符合一定的比例,只要用笔沿孔内画一周,图例就画出来了。

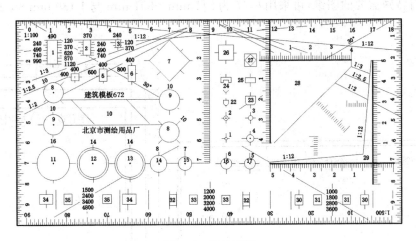

图 1-9 建筑模板

第二节 图纸幅面及相关知识

一、图纸幅面

图纸幅面,简称图幅,是指图纸的大小规格。为了便于图纸的装订、查阅和保存,满足图纸现代化管理要求,国家对图纸的大小规格制定了统一的标准。根据国家颁布的《房屋建筑制图统一标准》(GB/T 50001—2017),建筑工程图纸的幅面及图框尺寸应符合表 1-1 的规定。表中数字是裁边以后的尺寸,尺寸代号的意义如图 1-10 所示。

表 1-1 幅面及图框尺寸   单位:mm

尺寸代号 ＼ 幅面代号	A0	A1	A2	A3	A4
$b \times l$	841×1 189	594×841	420×594	297×420	210×297
c	10			5	
a	25				

图幅分横式和立式两种。从表 1-1 中可以看出 A1 号图幅是 A0 号图幅的对折,A2 号图幅是 A1 号图幅的对折,以此类推,上一号图幅的短边,即是下一号图幅的长边。

建筑工程同一专业所用的图纸应整齐统一,选用图幅时宜以一种规格为主,尽量避免大小图幅掺杂使用。一般不宜多于两种幅面。

在特殊情况下,允许 A0～A3 号图幅按表 1-2 的规定加长图纸的长边,但图纸的短边不可加长。有特殊需要的图纸,可采用 $b×l$ 为 841 mm×891 mm 与 1 189 mm×1 261 mm 的幅面。

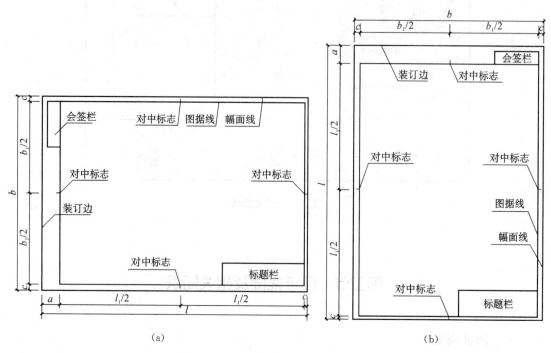

(a)   (b)

图 1-10　图幅格式

表 1-2　图纸长边加长尺寸　　　　　　　　　　　　　　　　　　　　单位:mm

幅面代号	长边尺寸	长边加长后的尺寸
A0	1 189	$1\,486\left(A0+\dfrac{1}{4}l\right)$, $1\,783\left(A0+\dfrac{1}{2}l\right)$, $2\,080\left(A0+\dfrac{3}{4}l\right)$, $2\,378(A0+l)$
A1	841	$1\,051\left(A1+\dfrac{1}{4}l\right)$, $1\,261\left(A1+\dfrac{1}{2}l\right)$, $1\,471\left(A1+\dfrac{3}{4}l\right)$, $1\,682(A1+l)$, $1\,892\left(A1+\dfrac{5}{4}l\right)$, $2\,102\left(A1+\dfrac{3}{2}l\right)$
A2	594	$743\left(2+\dfrac{1}{4}l\right)$, $891\left(A2+\dfrac{1}{2}l\right)$, $1\,041\left(A2+\dfrac{3}{4}l\right)$, $1\,189(A2+l)$, $1\,338\left(A2+\dfrac{5}{4}l\right)$, $1\,486\left(A2+\dfrac{3}{2}l\right)$, $1\,635\left(A2+\dfrac{7}{4}l\right)$, $1\,783(A2+2l)$, $1\,932\left(A2+\dfrac{9}{4}l\right)$, $2\,080\left(A2+\dfrac{5}{2}l\right)$
A3	420	$630\left(A3+\dfrac{1}{2}l\right)$, $841(A3+l)$, $1\,051\left(A3+\dfrac{3}{2}l\right)$, $1\,261(A3+2l)$, $1\,471\left(A3+\dfrac{5}{2}l\right)$, $1\,682(A3+3l)$, $1\,892\left(A3+\dfrac{7}{2}l\right)$

图纸的标题栏、会签栏及装订边的位置如图 1-11 所示。标题栏、会签栏的大小及格式如图 1-11、图 1-12 所示。会签栏内应填写会签人员的专业,姓名及日期(年、月、日);一个会签栏不够用时可另加一个,两个会签栏应并列;不需会签的图纸可不设此栏。学生制图作业用标题栏推荐图 1-13 的格式。

图 1-11　图纸的标题栏

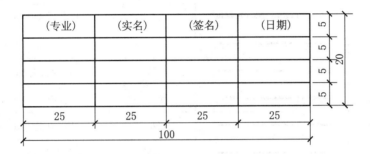

图 1-12　图纸的会签栏

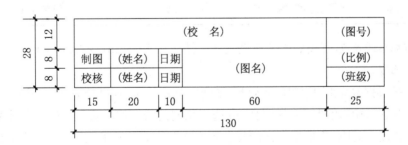

图 1-13　学生制图作业用标题栏

二、线型

任何建筑图样都是用图线绘制成的,熟悉图线的类型及用途,掌握各类图线的画法是建筑制图最基本的技能。

为了使图样清楚、明确,建筑制图采用的图线分为实线、虚线、单点长画线、双点长画线、折断线和波浪线 6 类,其中前 4 类线型按宽度不同又分为粗、中、细三种,后两类线型一般均为细线。各类线型的规格及用途见表 1-3。

表 1-3　线型规格及用途

名称		线型	线宽	用途
实线	粗		b	主要可见轮廓线
	中粗		$0.7b$	可见轮廓线、变更云线
	中		$0.5b$	可见轮廓线、尺寸线
	细		$0.25b$	图例填充线、家具线
虚线	粗		b	见各有关专业制图标准
	中粗		$0.7b$	不可见轮廓线
	中		$0.5b$	不可见轮廓线、图例线
	细		$0.25b$	图例填充线、家具线
单点长画线	粗		b	见各有关专业制图标准
	中		$0.5b$	见各有关专业制图标准
	细		$0.25b$	中心线、对称线、轴线等
双点长画线	粗		b	见各有关专业制图标准
	中		$0.5b$	见各有关专业制图标准
	细		$0.25b$	假想轮廓线、成型前原始轮廓线
折断线	细		$0.25b$	断开界线
波浪线	细		$0.25b$	断开界线

图线的基本线宽 b，宜按照图纸比例及图纸性质从 1.4 mm，1.0 mm，0.7 mm，0.5 mm 线宽系列中选取。

每个图样根据复杂程度与比例大小，先确定基本线宽 b，再按表 1-4 确定适当的线宽组。在同一张图纸中，相同比例的图样，应选用相同的线宽组。虚线、单点长画线及双点长画线的线段长度和间隔，应根据图样的复杂程度和图线的长短来确定。当图样较小，用单点长画线和双点长画线绘图有困难时，可用实线代替。在同一张图纸内，各不同线宽组中的细线，可统一采用较细的线宽组的细线。需要缩微的图纸，不宜采用 0.18 mm 的线宽。

表 1-4　线宽组　　　　　　　　　　　　　单位：mm

线宽比	线宽组			
b	1.4	1.0	0.7	0.5
$0.7b$	1.0	0.7	0.5	0.35
$0.5b$	0.7	0.5	0.35	0.25
$0.25b$	0.35	0.25	0.18	0.13

图纸的图框线和标题栏线,可采用表1-5中的线宽。

表 1-5　图框和标题栏线的宽度　　　　　　　　　　　　　　单位:mm

幅面代号	图框线	标题栏外框线对中标志	标题栏分格线幅面线
A0, A1	b	$0.5b$	$0.25b$
A2, A3, A4	b	$0.7b$	$0.35b$

此外在绘制图线时还应注意以下几点:

(1)单点长画线和双点长画线的首末两端应是线段,而不是点。单点长画线(双点长画线)与单点长画线(双点长画线)交接或单点长画线(双点长画线)与其他图线交接时,应是线段交接。

(2)虚线与虚线交接或虚线与其他图线交接时,都应是线段交接。虚线为实线的延长线时,不得与实线连接。虚线的正确画法和错误画法,如图1-14所示。

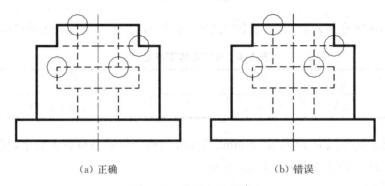

　　　　　(a)正确　　　　　　　　　　　　(b)错误

图 1-14　虚线交接的画法

(3)相互平行的图线,其净间隙或线中间隙不宜小于0.2 mm。

(4)图线不得与文字、数字或符号重叠、混淆,不可避免时,应首先保证文字的清晰。

三、字体

图纸上所需书写的文字、数字或符号等,均应笔画清晰、字体端正、排列整齐;标点符号应清楚正确。如果字迹潦草,难以辨认,则容易发生误解,甚至造成工程事故。

图样及说明的汉字应写成长仿宋体,大标题、图册封面、地形图等的汉字,可以写成其他字体,但应易于辨认。汉字的简化写法,必须遵照国务院公布的《汉字简化方案》和有关规定。

长仿宋体字样:

建筑设计结构施工设备水电暖风平立侧断剖切面总详标准草略正反迎背新旧大中小上下内外纵横垂直完整比例年月日说明共编号寸

(一)长仿宋体字

长仿宋体字是由宋体字演变而来的长方形字体,它的笔画匀称明快,书写方便,是工程图纸最常用字体。写仿宋体字的基本要求,可概括为"行款整齐、结构匀称、横平竖直、粗细一致、起落顿笔、转折勾棱"。

1. 字体格式

为了使写的字大小一致、排列整齐,书写前应事先用铅笔淡淡地打好字格。字格高宽比例,一般为 3:2。为了使字行清楚,行距应大于字距。通常字距约为字高的 $\frac{1}{4}$,行距约为字高的 $\frac{1}{3}$(图 1-15)。

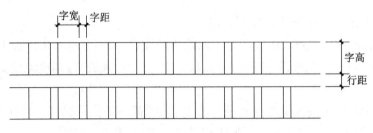

图 1-15 字格

字的大小用字号来表示,字号即字的高度,各号字的高度与宽度的关系见表 1-6。

表 1-6 长仿宋体字高宽关系   单位:mm

字高	3.5	5	7	10	14	20
字宽	2.5	3.5	5	7	10	14

图纸中常用的字高为 10 mm,7 mm,5 mm 三种。如需书写更大的字,其高度应按 $\sqrt{2}$ 的倍数递增。汉字的字高应不小于 3.5 mm。

2. 字体笔画

仿宋体字的笔画要横平竖直,注意起落,现介绍常用笔画的写法及特征。

(1) 横基本要平,可略向上自然倾斜,运笔起落略顿一下笔,使尽端形成小三角,但应一笔完成。

(2) 竖要铅直,笔画要刚劲有力,运笔同横笔。

(3) 撇的起笔同竖,但是随斜向逐渐变细,运笔由重到轻。

(4) 捺的运笔与撇笔相反,起笔轻而落笔重,终端稍顿笔再向右尖挑。

(5) 挑是起笔重,落笔尖细如针。

(6) 点的位置不同,其写法亦不同,多数的点是起笔轻而落笔重,形成上尖下圆的光滑形象。

(7) 竖钩的竖同竖笔,但要挺直,稍顿后向左上尖挑。

(8) 横钩由两笔组成,横同横笔,末笔应起重轻落,钩尖如针。

(9) 弯钩有竖弯钩、斜弯钩和包钩,竖弯钩起笔同竖笔,由直转弯过渡要圆滑,斜弯钩的运笔由轻到重再到轻,转变要圆滑,包钩由横笔和竖钩组成,转折要勾棱,竖钩的竖笔有时可向左略斜。

(二) 字母、数字的书写与排列

字母、数字宜优先采用 True type 字体中的 Roman 字型,书写规则与排列等应符合表

1-7的规定。

表1-7 字母及数字的书写规则

书写格式	字体	窄字体
大写字母高度	h	h
小写字母高度（上下均无延伸）	$7/10h$	$10/14h$
小写字母伸出的头部或尾部	$3/10h$	$4/14h$
笔画宽度	$1/10h$	$1/14h$
字母间距	$2/10h$	$2/14h$
上下行基准线的最小间距	$15/10h$	$21/14h$
词间距	$6/10h$	$6/14h$

字母、数字可以直写，也可以斜写。斜体字的斜度是从字的底线逆时针向上倾斜75°，字的高度与宽度应与相应的直体字相等。拉丁字母、阿拉伯数字及罗马数字的字高，应不小于2.5 mm，其运笔顺序和字例如下：

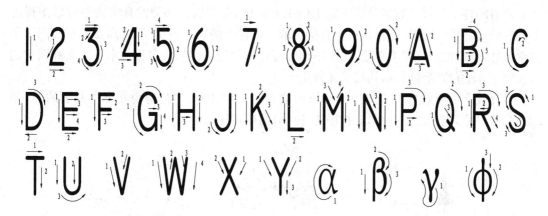

四、尺寸标注

在建筑施工图中，图形只能表达建筑物的形状，建筑物各部分的大小还须通过标注尺寸才能确定。房屋施工和构件制作都必须根据尺寸进行，因此尺寸标注是制图的一项重要工作，要认真细致，准确无误，如果尺寸有遗漏或错误，将给施工造成困难和损失。标注尺寸时，力求做到正确、完整、清晰、合理。

（一）尺寸的组成

建筑图样上的尺寸一般应由尺寸界线、尺寸线、尺寸起止符号和尺寸数字四部分组成，如图1-16所示。

尺寸界线是控制所注尺寸范围的线，应用细实线绘制，应与被注长度垂直；其一端应离开图样轮廓线不小于2 mm，另一端宜超出尺寸线2～3 mm。必要时，图样的轮廓线、轴线或中心线可用作尺寸界线（图1-17）。

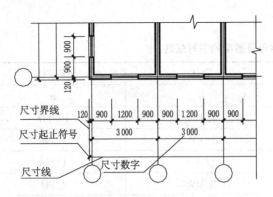

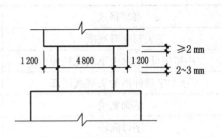

图 1-16　尺寸的组成和平行排列的尺寸　　　图 1-17　轮廓线用作尺寸界线

　　尺寸线是用来注写尺寸的,应用细实线单独绘制并与被标注长度平行,且不宜超出尺寸界线。任何图线或其延长线均不得用作尺寸线。

　　尺寸起止符号用中粗斜短线绘制,其倾斜方向应与尺寸界线成顺时针 45°角,长度宜为 2~3 mm。半径、直径、角度和弧长的尺寸起止符号,宜用箭头表示(图 1-18)。

　　建筑图样上的尺寸数字是建筑施工的主要依据,建筑物各部分的真实大小应以图样上所注写的尺寸数字为准,不得从图上直接量取。图样上的尺寸单位,除标高及总平面图以米为单位外,均必须以毫米为单位,图中不须注写计量单位的代号或名称。本书正文和图中的尺寸数字,除有特别注明外,均按上述规定。

　　尺寸数字的读数方向,应按图 1-19(a)规定的方向注写,尽量避免在图中所示的 30°范围内标注尺寸,当无法避免时,宜按图 1-19(b)的形式注写。

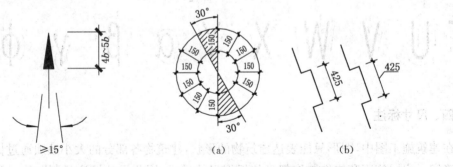

图 1-18　箭头的画法　　　　图 1-19　尺寸数字读数方向

　　尺寸数字应依据其读数方向注写在靠近尺寸线的上方中部,如没有足够的注写位置,最外边的尺寸数字可注写在尺寸界线外侧,中间相邻的尺寸数字可错开注写,也可引出注写,如图 1-20 所示。

　　图线不得穿过尺寸数字,不可避免时,应将尺寸数字处的图线断开(图 1-21)。

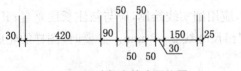

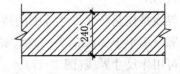

图 1-20　尺寸数字的注写位置　　　图 1-21　尺寸数字处图线断开

(二) 常用尺寸的排列与布置

尺寸宜标注在图样轮廓线以外，不宜与图线、文字及符号等相交。相互平行的尺寸线，应从被注的图样轮廓线由近向远整齐排列，小尺寸应离轮廓线较近，大尺寸应离轮廓线较远。图样轮廓线以外的尺寸线，距图样最外轮廓线之间的距离，不宜小于 10 mm。平行尺寸线的间距，宜为 7~10 mm，并应保持一致，如图 1-17 所示。

总尺寸的尺寸界线，应靠近所指部位，中间的分尺寸的尺寸界线可稍短，但其长度应相等（图 1-17）。半径、直径、球、角度、弧长、薄板厚度、坡度以及非圆曲线等常用尺寸的标注方法见表 1-8。

表 1-8 常用尺寸标注方法

标注内容	图例	说明
角度	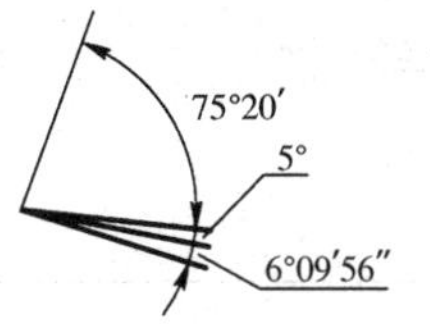 75°20′ 5° 6°09′56″	角度的尺寸线应以圆弧表示。该圆弧的圆心应是该角的顶点，角的两条边为尺寸界线。起止符号应以箭头表示，如没有足够位置画箭头，可用圆点代替，角度数字应沿尺寸线方向注写
半径	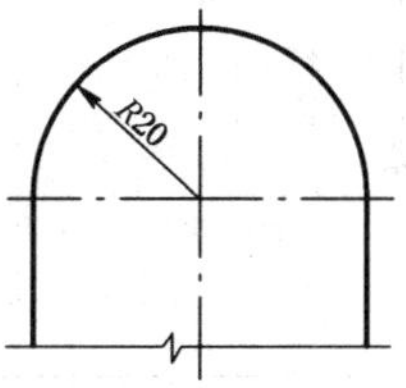 R20	标注圆的半径尺寸时，半径的尺寸线一端从圆心开始，另一端画箭头指向圆弧。半径数字前应加注半径符号"R"
直径	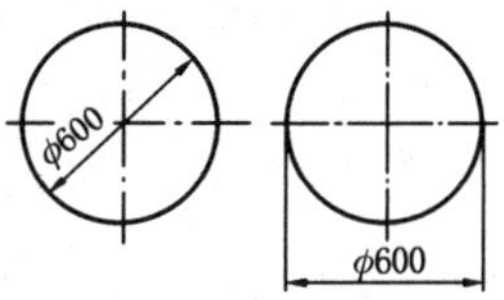 φ600 φ600	标注圆的直径尺寸时，直径数字前应加直径符号"φ"。在圆内标注的尺寸线应通过圆心，两端画箭头指至圆弧
大圆弧	 R150 R150	较大的圆弧可按图例形式标注
小圆和小圆弧	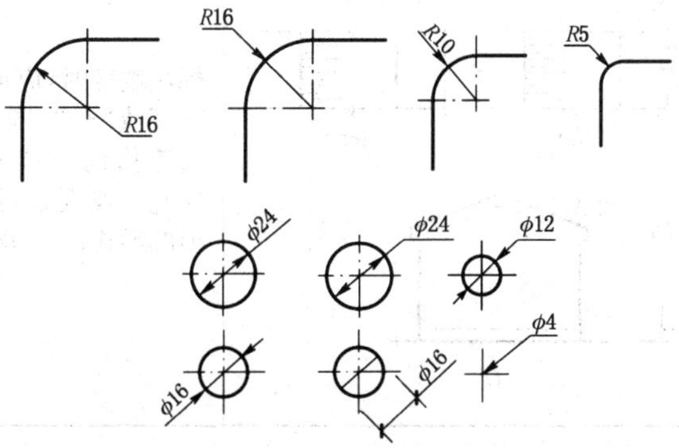 R16 R16 R10 R5 φ24 φ24 φ12 φ16 φ16 φ4	小圆的半径、直径可按图例形式标注

标注内容	图例	说明
弧长		标注圆弧的弧长时,尺寸线应以与该圆弧同心的圆弧线表示,尺寸界线应指向圆心,起止符号用箭头表示,弧长数字上方或前方应加注圆弧符号"⌒"
弦长		标注圆弧的弦长时,尺寸线应以平行于该弦的直线表示,尺寸界线应垂直于该弦,起止符号用中粗斜短线表示
球		标注球的半径尺寸时,应在尺寸前加注符号"SR"。注写方法与圆弧半径和圆直径的尺寸标注方法相同
薄板		在薄板板面标注板厚尺寸时,应在厚度数字前加厚度符号"t"
正方形		标注正方形的尺寸,可用"边长×边长"的形式,也可在边长数字前加正方形符号"□"
坡		标注坡度时,应加注坡度符号"←"或"←"[图(a),(b)],箭头应指向下坡方向[图(c),(d)]。坡度也可用直角三角形的形式标注[图(e),(f)]

（续表）

标注内容	图例	说明
外形为非圆曲线	*（图例）*	外形为非圆曲线的构件,可用坐标形式标注尺寸
复杂图形	*（图例）*	复杂的图形,可用网格形式标注尺寸

（三）尺寸的简化标注

杆件或管线的长度,在单线图(桁架简图、钢筋简图、管线图等)上,可直接将尺寸数字沿杆件或管线的一侧注写(图 1-22)。

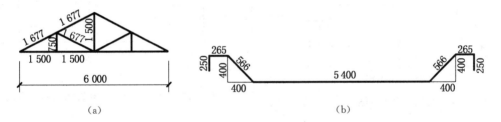

（a）　　　　　　　　　　　　　　　（b）

图 1-22　单线图尺寸标注方法

连续排列的等长尺寸,可用"等长尺寸×个数＝总长"[图 1-23(a)]或"总长(等分个数)"[图 1-23(b)]的形式标注。

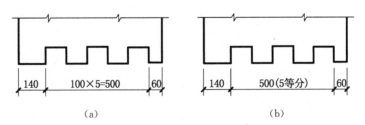

（a）　　　　　　　　　　　　　　　（b）

图 1-23　等长尺寸简化标注方法

构配件内的构造要素(如孔、槽等)如相同,可仅标注其中一个要素的尺寸(图 1-24)。

对称构配件采用对称省略画法时,该对称构配件的尺寸线应略超过对称符号,仅在尺寸线的一端画尺寸起止符号,尺寸数字应按整体全尺寸注写,其注写位置宜与对称符号对齐

（图 1-25）。

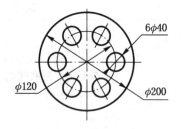

图 1-24 相同要素尺寸标注方法

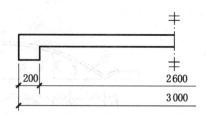

图 1-25 对称构件尺寸数字标注方法

两个构配件如仅个别尺寸数字不同,可在同一图样中,将其中一个构配件的不同尺寸数字注写在括号内,该构配件的名称也应注写在相应的括号内(图 1-26)。

数个构配件,如仅某些尺寸不同,这些有变化的尺寸数字,可用拉丁字母注写在同一图样中,另列表格写明其具体尺寸(图 1-27)。

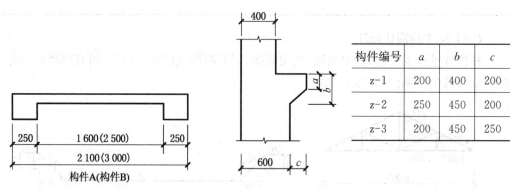

构件编号	a	b	c
z-1	200	400	200
z-2	250	450	200
z-3	200	450	250

图 1-26 相似构件尺寸数字标注方法　　　　图 1-27 相似构配件尺寸表格式标注方法

(四) 标高

标高符号应以等腰直角三角形表示,并应按图 1-28(a)所示形式用细实线绘制,如标注位置不够,也可按图 1-28(b)所示形式绘制。标高符号的具体画法如图 1-28(c),(d)所示。

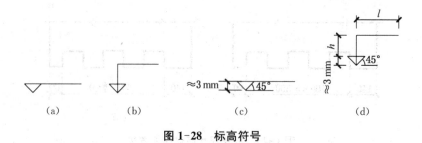

图 1-28 标高符号

注:l—取适当长度注写标高数字;h—根据需要取适当高度

总平面图室外地坪标高符号宜用涂黑的三角形表示,具体画法如图 1-29 所示。标高符号的尖端应指向被注高度的位置。尖端宜向下,也可向上。标高数字应注写在标高符号的上侧或下侧(图 1-30)。

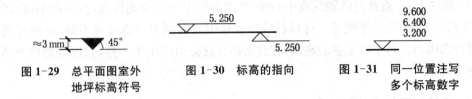

图 1-29　总平面图室外　　图 1-30　标高的指向　　图 1-31　同一位置注写
　　地坪标高符号　　　　　　　　　　　　　　　　　　　多个标高数字

标高数字应以米为单位,注写到小数点以后第三位。在总平面图中,可注写到小数点以后第二位。零点标高应注写成±0.000,正数标高不注"＋",负数标高应注"－",例如 3.000,－0.600。在图样的同一位置需表示几个不同标高时,标高数字可如图 1-31 所示的形式注写。

第三节　制图的一般步骤

制图工作应当有步骤地循序进行。为了提高绘图效率,保证图纸质量,必须掌握正确的绘图程序和方法,并养成认真负责、仔细、耐心的良好习惯和严谨的工作态度。

一、制图前的准备工作

(1) 安放绘图桌或绘图板时,应使光线从图板的左前方射入;不宜对窗安置绘图桌,以免纸面反光而影响视力。将需用的工具放在方便之处,以免妨碍制图工作。

(2) 擦干净全部绘图工具和仪器,削磨好铅笔及圆规上的铅芯。

(3) 固定图纸:将图纸的正面(有网状纹路的是反面)向上贴于图板上,并用丁字尺略略对齐,使图纸平整和绷紧。当图纸较小时,应将图纸布置在图板的左下方,但要使图纸的底边与图板的下边的距离略大于丁字尺的宽度(图 1-32)。

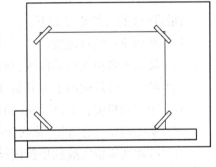

图 1-32　贴图纸

(4) 为保持图面整洁,画图前应洗手。

二、绘铅笔底稿图

铅笔细线底稿是一张图的基础,要认真、细心、准确地绘制。绘制时应注意以下几点:

(1) 铅笔底稿图宜用削磨尖的 H 或 HB 铅笔绘制,底稿线要细而淡,绘图者自己能看得出便可,故要经常磨尖铅芯。

(2) 画图框、图标:首先画出水平和垂直基准线,在水平和垂直基准线上分别量取图框和图标的宽度和长度,再用丁字尺画图框、图标的水平线,然后用三角板配合丁字尺画图框、图标的垂直线。

(3) 布图:预先估计各图形的大小及预留尺寸线的位置,将图形均匀、整齐地安排在图纸上,避免某部分太紧凑或某部分过于宽松。

(4) 画图形:一般首先画轴线或中心线,其次画图形的主要轮廓线,然后画细部;图形完成后,再画尺寸线、尺寸界线等。材料符号在底稿中只需画出一部分或不画,待加深或上墨线时再全部画出。对于需上墨的底稿,在线条的交接处可画出头一些,以便清楚地辨别上墨的起止位置。

三、铅笔加深的方法和步骤

在加深前,要认真校对底稿,修正错误和填补遗漏;底稿经查对无误后,擦去多余的线条和污垢。一般用 2B 铅笔加深粗线,用 B 铅笔加深中粗线,用 HB 铅笔加深细线、写字和画箭头。加深圆时,圆规的铅芯应比画直线的铅芯软一级。用铅笔加深图线时,用力要均匀,边画边转动铅笔,使粗线均匀地分布在底稿线的两侧,如图 1-33 所示。加深时还应做到线型正确、粗细分明,图线与图线的连接要光滑、准确,图面要整洁。

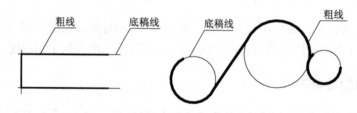

图 1-33　加深的粗线与底稿线的关系

加深图线的一般步骤如下:

(1) 加深所有的点划线;

(2) 加深所有粗实线的曲线、圆及圆弧;

(3) 用丁字尺从图的上方开始,依次向下加深所有水平方向的粗实直线;

(4) 用三角板配合丁字尺从图的左方开始,依次向右加深所有的铅垂方向的粗实直线;

(5) 从图的左上方开始,依次加深所有倾斜的粗实线;

(6) 按照加深粗实线的步骤同样加深所有的虚线曲线、圆和圆弧,然后加深水平的、铅垂的和倾斜的虚线;

(7) 按照加深粗线的步骤同样加深所有的中实线;

(8) 加深所有的细实线、折断线、波浪线等;

(9) 画尺寸起止符号或箭头;

(10) 加深图框、图标;

(11) 注写尺寸数字、文字说明,并填写标题栏。

四、上墨线的方法和步骤

画墨线时,首先应根据线型的宽度调节直线笔的螺母(或选择好针管笔的号数),并在与图纸相同的纸上试画,待满意后再在图纸上描线。如果改变线型宽度,重新调整螺母,必须经过试画,才能在图纸上描线。

　　上墨时,相同形式的图线宜一次画完,可以避免由于经常调整螺母而使相同形式的图线粗细不一致。

　　如果需要修改墨线,可待墨线干透后,在图纸下垫一块三角板,用锋利的薄型刀片轻轻修刮,再用橡皮擦净余下的污垢,待错误线或墨污全部去净后,以指甲或者钢笔头磨实,然后再画正确的图线。但需注意,在用橡皮时要配合擦线板,并且宜向一个方向擦,以免撕破图纸。

　　上墨线的步骤与铅笔加深基本相同,但还须注意以下几点:

　　(1) 一条墨线画完后,应将笔立即提起,同时用左手将尺子移开;

　　(2) 画不同方向的线条必须等到干了再画;

　　(3) 加墨水要在图板外进行。

　　最后需要指出,每次的制图时间最好连续进行三四个小时,这样效率较高。

【课后思考题】

　　1. 建筑工程图的图纸幅面代号有哪些? 图纸的长短边有怎样的比例关系?

　　2. 图线有哪些线型? 画各种线型的线段时有什么要求,相互交接有什么要求?

　　3. 长仿宋体字有什么书写要领? 字高和字宽有什么要求?

　　4. 尺寸标注是由哪几部分组成的,标注时应注意什么问题?

　　5. 连续的等长尺寸如何简化标注?

　　6. 尺寸标注中有哪些注意事项? 尺寸能否从图样上量取?

实训——线型练习

1. 实训目的

　　熟悉绘图的基本步骤,明确常用图幅的种类和尺寸;掌握各种线型的交接及画法;掌握长仿宋体字的书写要领和尺寸标注的基本要求。

2. 实训内容

　　自备 A_4 图纸,铅笔抄绘如图 1-34 所示的图样。

3. 实训要求

　　(1) 画出如图 1-11(b)所示的图框、标题栏。

　　(2) 按图示线型、线宽全部抄绘图样及尺寸,按 1:1 比例绘制。

　　(3) 图内汉字为 7 号字,数字为 3 号字、5 号字。

4. 绘图步骤

　　(1) 在 A2 图板上固定图纸。

　　(2) 画图框、标题栏稿线。

　　(3) 布置图面,做到均衡匀称。

　　(4) 画图形稿线。

（5）检查和修改，注意所作图样的准确性、完整性、规范性和图线的横平竖直，同时注意稿图的整洁。

（6）按图示要求用 2B 铅笔加深加粗图线，标题栏中图名为"线型练习"。写尺寸文字用 HB 铅笔。

（7）写汉字前打好字格，阿拉伯数字可只打字高线。

5. 注意事项

（1）图纸裁成 A_3 图幅，80 g 以上的白图纸均可（注意：勿用铜版纸）。

（2）稿线用 2H 铅笔绘制，削成圆锥状铅芯。

（3）画稿线前应先计算每个图样所占位置的大小，再排列两图之间的距离，做到对整体图面有一个明确的规划后再画稿图，克服不布局起笔就画的不良习惯。

（4）画稿线时要注意先上后下、先左后右、先曲线后直线，稿线应轻细，能看清即可，切忌稿线用力过重造成印记，不便修改。文字在图样完成后才开始注写，写前先打好字格。

（5）图线的加深加粗要求：粗线 0.7 mm、中线 0.35 mm、细线 0.18 mm，2B 铅笔应削成扁平状，铅芯厚度削磨成相应的粗度。

（6）用圆锥状 HB 尖铅笔标注文字及尺寸，汉字写长仿宋体字并提前打好字格。

（7）作业完成时间：4 学时。

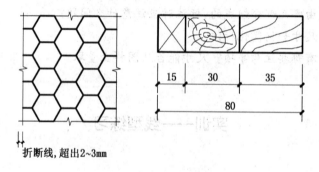

折断线，超出2~3mm

图 1-34 线型练习

第二章　投影的基本知识

学习目标

通过学习投影的基本知识,学生应了解投影的概念和分类;掌握平行投影的基本性质、三面投影的投影关系、点线面的投影规律;能够识读平面组合体的投影。

知识目标

1. 理解并掌握投影的形成与分类。
2. 掌握三面正投影法及其投影规律。
3. 理解点、直线、平面的投影规律。
4. 掌握平面组合体的投影。

技能目标

1. 理解正投影的形成原理、三面正投影的展开及三面投影间的投影关系。
2. 由三面正投影图能得出形体的立体图或由立体图得出三面正投影图,具备初步的识图能力。
3. 能正确绘制简单形体的三面正投影图。

第一节　投影的概念

一、投影的形成和投影法

日常生活中,物体在光源的照射下,会在地面或墙面上留下阴影,我们称其为影子(图 2-1)。通过影子能看出物体的外形轮廓,但由于仅是一个黑影,并不能清楚表现物体的完整形象。

我们假定光线能够穿透物体,使构成物体的每一要素都在平面上呈现,并可以用清晰的图线表示,进而形成一个由图线组成的图形,这样的图形称为物体在平面上的投影。

假设物体是透明的,光源 S 的光线将物体上的各顶点和各条棱线投射到某一平面 H 上,这些点和棱线的影子所构成的图形就称为物体在 H 面上的投影(图 2-2)。这种获得投影的方法称为投影法。投影必须具备以下三个要素:形体(几何元素)、投影面和投射线。

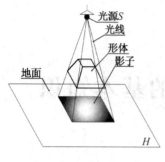

图 2-1 影子的形成

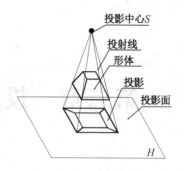

图 2-2 投影的形成

二、投影的分类

投影分为中心投影和平行投影两类。

(一)中心投影

投影中心 S 发出辐射状的投射线,用这些投射线作出的形体的投影,称为中心投影(图 2-3)。这种作出中心投影的方法,称为中心投影法。

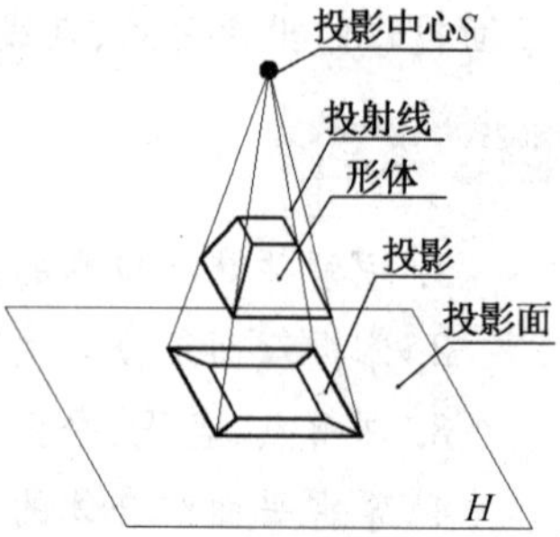

(二)平行投影

投影中心 S 在无限远处,投射线按一定的方向投射下来,用这些互相平行的投射线作出形体的投影,称为平行投影。这

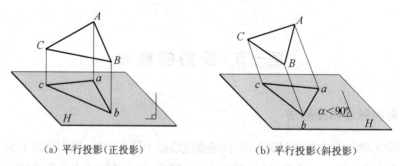

图 2-3 中心投影

种作出平行投影的方法,称为平行投影法。平行投影又分为正投影[图 2-4(a)]和斜投影[图 2-4(b)]两类:

正投影——投射方向垂直于投影面,得到的投影称为正投影;

斜投影——投射方向倾斜于投影面,得到的投影称为斜投影。

(a)平行投影(正投影)　　　　(b)平行投影(斜投影)

图 2-4 平行投影

三、工程上常用的几种投影图

在工程实践中,常用的投影图有以下几种。

1. 透视投影图

用中心投影法绘制的单面投影图称为透视投影图[图 2-5(a)]，其特点是：立体感强，作图手法复杂，度量性差。一般作为工程图的辅助图样。

2. 轴测投影图

将空间形体正放，用斜投影法画出的图或将空间形体斜放用正投影法画出的图称为轴测投影图[图 2-5(b)]，其特点是：立体感较强，作图手法复杂，度量性差，一般也是作为工程图的辅助图样。

3. 标高投影图

用正投影法将局部地面的等高线投射在水平的投影面上，并标注出各等高线的高程，从而表达该局部的地形。这种用标高来表示地面形状的正投影图，称为标高投影图[图 2-5(c)]，常用来表达地面的形状，用在地形图中。

4. 正投影图

在空间建立一个投影体系，把形体用正投影法将其在各投影面上的正投影绘制出来，这样形成的投影图称为多面正投影图[图 2-5(d)]。其特点是：直观性不强，但能正确反映物体的形状和大小，并且作图方便，度量性好，是工程图中主要的图示方法，在工程上应用最广。

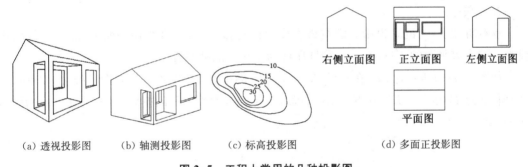

(a) 透视投影图　　(b) 轴测投影图　　(c) 标高投影图　　　　(d) 多面正投影图

图 2-5　工程上常用的几种投影图

第二节　正投影的特性

一、正投影的特性

工程中最常用的投影法是平行投影法中的正投影法。了解正投影的基本性质，对分析和绘制物体的正投影图至关重要。点、直线、平面是形成物体的最基本几何元素，在学习投影方法时，应该首先了解点、直线和平面的正投影的特性。点、直线和平面在正投影中具有以下基本特性。

1. 同素性(类似性)

一般情况下，点的正投影仍然是点，直线的正投影仍为直线，平面的正投影仍为原空间几何形状的平面，这种性质称为正投影的同素性(类似性)。

如图 2-6(a)所示,自点 A 向投影面 H(H 表示该投影面为水平面)引一条铅垂线(投影线),所得垂足 a 即为点 A 在 H 面上的正投影,点的投影仍是点;在图 2-6(b)中,过直线 BC 向投影面 H 作垂面,所得交线 bc 即为直线 BC 在 H 面上的正投影,bc 仍然为直线,但 bc 的长度小于直线的原长;在图 2-6(c)中,过平面 $KLMN$ 向投影面 H 作垂线,所得交面 $klmn$ 为平面 $KLMN$ 的正投影,$klmn$ 仍为四边形平面,但 $klmn$ 图形的面积小于空间平面的面积。

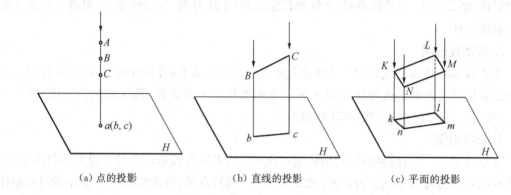

(a) 点的投影　　　　　(b) 直线的投影　　　　　(c) 平面的投影

图 2-6　正投影的同素性(类似性)

2. 从属性

点在直线上,点的正投影一定在该直线的正投影上。点、直线在平面上,点和直线的正投影一定在该平面的正投影上,这种性质称为正投影的从属性。

如图 2-7(a)所示,点 K 在直线 BC 上,点 K 的投影 k 在直线 BC 的投影 bc 上;如图 2-7(b)所示,点 D 和直线 EF 在 $KLMN$ 平面上,点 D 和直线 EF 的投影 d 和 ef 在平面的投影 $klmn$ 上。

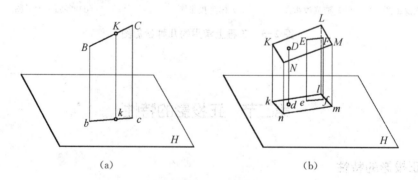

(a)　　　　　　　　　　　(b)

图 2-7　正投影的从属性

3. 定比性

线段上的点将该线段分成的比例,等于点的正投影分线段的正投影所成的比例,这种性质称为正投影的定比性。如图 2-7(a)所示,点 K 将线段 BC 划分的比例,等于点 K 的投影 k 将线段 BC 的投影 bc 划分的比例,即 $BK:KC=bk:kc$。

4. 平行性

两直线平行,则其正投影也平行,且空间线段的长度之比等于它们正投影的长度之比,这种性质称为正投影的平行性。如图 2-8 所示,空间直线 $AB /\!/ CD$,则直线 AB、CD 的正投影 ab、cd 也相互平行,即 $ab /\!/ cd$,且 $AB : CD = ab : cd$。

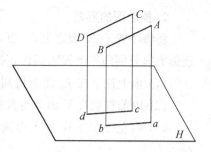

图 2-8　正投影的平行性

5. 全等性(显实性)

当线段或平面平行于投影面时,其线段的投影长度反映线段的实长;平面的投影与原平面图形全等。这种性质称为正投影的全等性。如图 2-9 所示,线段 AB 平行于 H 面,则 AB 的正投影 $ab = AB$;平面 $EFGH$ 平行于 H 面,则平面 $EFGH$ 的正投影 $efgh \cong EFGH$。

6. 积聚性

当直线或平面垂直于投影面时,其直线的正投影积聚为一个点;平面的正投影积聚为一条直线。这种性质称为正投影的积聚性。如图 2-10 所示,直线 AB 垂直于 H 面,则 AB 的正投影 $a(b)$ 积聚为一点;平面 $EFGH$ 垂直于 H 面,则平面 $EFGH$ 的正投影 $e(h)f(g)$ 积聚为一条直线。

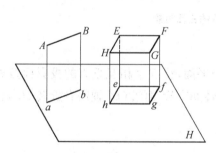

图 2-9　正投影的全等性(显实性)

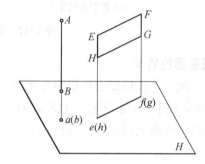

图 2-10　正投影的积聚性

上述正投影的基本性质中,要特别注意正投影中的不变性(如同素性、点和直线的从属性、两直线的平行性等)和定比性,这对解决空间问题有着至关重要的作用。

二、物体的三面投影图

由于空间形体是具有长、宽、高的三维形体,显然一个面上的正投影无法准确表达其空间形状,如图 2-11 中有 4 个不同形状的物体,它们在同一个投影面上的正投影是相同的。由此可见,为了确定物体的形状,需要画出物体的三面正投影图。

1. 投影体系的建立

用三个相互垂直的面建立一个三面体系,如图 2-12(a)所示,水平位置的平面称为水平投影面,用 H 表示;与水平投影面垂直相交呈正立位置的平面称为正立投影面,用 V 表示;位于右侧与 H 面、V 面均垂直相交的平面称为侧立投影面,用 W 表示。三个投影面的交线 OX、OY、OZ 为投影轴,三个投影轴相互垂直。

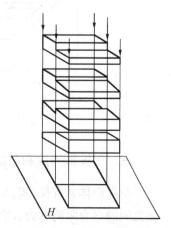

图 2-11　物体的单面投影

2. 投影图的形成

将物体置于 H 面之上，V 面之前，W 面之左的空间中，如图 2-12(b)所示按箭头所指的投影方向分别向三个投影面作正投影。

(1) 由上往下在 H 面上得到的投影称为水平投影图(简称平面图)。

(2) 由前往后在 V 面上得到的投影称为正立投影图(简称正面图)。

(3) 由左往右在 W 面上得到的投影称为侧立投影图(简称侧面图)。

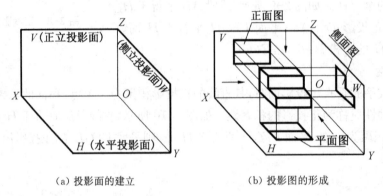

(a) 投影面的建立   (b) 投影图的形成

图 2-12 物体的三面投影

3. 投影图的展开

为使空间三个投影面上的投影处于同一个平面，将三个相互垂直的投影面按如下方式展开：保持 V 面不动，将 H 面沿 OX 轴向下旋转 $90°$，W 面沿 OZ 轴向右旋转 $90°$，让它们与 V 面处于同一平面上，如图 2-13 所示。

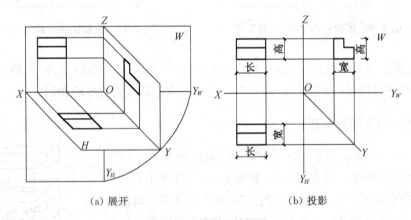

(a) 展开   (b) 投影

图 2-13 投影面的展开

三、正投影的投影对应规律

空间形体具有长、宽、高三个方向的尺度。以四棱柱为例，当其正面确定后，左右两个侧面之间的垂直距离称为长度；前后两个侧面之间的垂直距离称为宽度；上下两个平面之间的垂直距离称为高度，如图 2-14 所示。

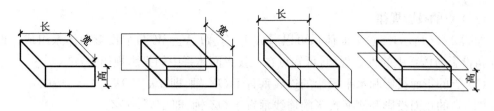

图 2-14 形体的长、宽、高

由此可知,三面正投影图具有下述投影规律:平面、正面长对正(等长);正面、侧面高平齐(等高);平面、侧面宽相等(等宽)。

从图 2-15 可以看出,投影面展开之后,正平面 V、水平面 H 两个投影左右对齐,这种关系称为"长对正";正平面 V、侧平面 W 两个投影上下对齐,这种关系称为"高平齐";水平面 H、侧平面 W 投影都反映形体的宽度,这种关系称为"宽相等",简称"三等关系",即正投影的投影对应规律。

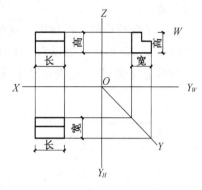

图 2-15 形体长、宽、高的关系

第三节 点、直线、面的三面投影

一、点的投影

(一) 点的三面投影

图 2-16(a)是空间点 A 的三面投影的直观图,即过 A 点分别向 H 面、V 面、W 面的投影为 a,a',a''。图 2-16(b)是点 A 的三面投影图。

在画法几何中,约定空间点用大写字母表示(如 A),其在 H 面上的投影称为水平投影,用相应的小写字母表示(如 a);在 V 面上的投影称为正面投影,用相应的小写字母并在右上角加一撇表示(如 a');在 W 面上的投影称为侧面投影,用相应的小写字母并在右上角加两撇表示(如 a'')。

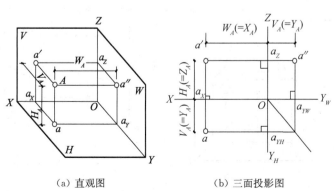

(a) 直观图 (b) 三面投影图

图 2-16 点的三面投影

（二）点的投影规律

如图 2-17 所示，三投影面体系可以看成由 $V \perp H$、$V \perp W$ 两个投影面体系组成。根据点在两投影面体系中的投影规律，可知点在三投影面体系中的投影规律为：

（1）点的正面投影和水平投影的连线垂直于 OX 轴，即 $a'a \perp OX$；

（2）点的正面投影和侧面投影的连线垂直于 OZ 轴，即 $a'a'' \perp OZ$；

（3）点的水平投影到 OX 轴的距离和点的侧面投影到 OZ 轴的距离都等于该点到 V 面的距离，即 $aa_x = a''a_z = Aa'$。

为了保持点的三面投影之间的关系，作图时应使 $aa' \perp OX$，$a'a'' \perp OZ$。而 $aa_x = a''a_z$ 可用图 2-17(b) 所示的以 O 为圆心，aa_x 或 $a''a_z$ 为半径的圆弧，或用图 2-17(c) 所示的过 O 点与水平线成 $45°$ 的辅助线来实现。

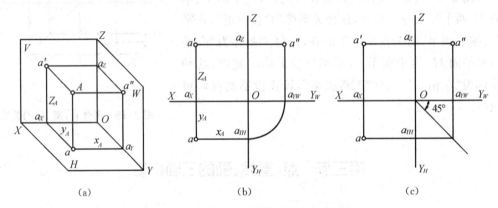

(a)　　　　　　　　　(b)　　　　　　　　　(c)

图 2-17　点在三投影面体系中的投影规律

（三）两点的相对位置

1. 两点相对位置的确定

两点的相对位置是指以两点中的一点为基准，另一点相对该点的左右、前后和上下的位置。点的位置由点的坐标确定，两点的相对位置则由两个点的坐标差确定。

如图 2-18(a) 所示，空间有两个点 $A(X_A, Y_A, Z_A)$，$B(X_B, Y_B, Z_B)$。若以 B 点为基

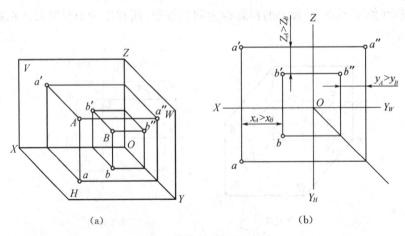

(a)　　　　　　　　　(b)

图 2-18　两点的相对位置

准,则两点的坐标差为 $\Delta X_{AB}=X_A-X_B$, $\Delta Y_{AB}=Y_A-Y_B$, $\Delta Z_{AB}=Z_A-Z_B$。x 坐标差确定两点的左右位置,y 坐标差确定两点的前后位置,z 坐标差确定两点的上下位置。三个坐标差均为正值,则点 A 在点 B 的左方、前方、上方。从图 2-18(b)看出,三个坐标差可以准确地反映在两点的投影图中。

2. 重影点

当两点位于某一投影面的同一条投射线上时,这两点在该投影面上的投影重合,这两点为对该投影面的重影点。两点在某一投影面上的投影重合时,它们必有两对相等的坐标。如图 2-19(a)所示,A、B 两点位于 V 面的同一条投射线上,它们的正面投影 a'、b' 重合,故 A、B 两点为对 V 面的重影点,这两点的 x、z 坐标相等,y 坐标不等。同理,C、D 两点位于 H 面的同一条投射线上,它们的水平投影 c、d 重合,则 C、D 两点为对 H 面的重影点,它们的 x、y 坐标分别相等,z 坐标不等。

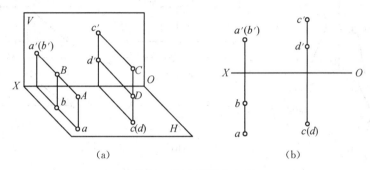

(a)　　　　　　　　(b)

图 2-19　重影点

由于重影点有一对坐标不相等,所以,在重影的投影中,坐标值大的点的投影会遮住坐标值小的点的投影,即坐标值大的点的投影可见,坐标值小的点的投影不可见。在投影图中,对于重影的投影,在不可见点投影的字母两侧画上圆括号。如图 2-19(b)所示,A、B 两点为对 V 面的重影点,它们的正面投影重合,$y_A>y_B$,点 A 在点 B 的前方,a'可见,表示为 a';b'不可见,表示为(b')。C、D 两点为对 H 面的重影点,它们的水平投影重合,$z_C>z_D$,点 C 在点 D 的上方,c 可见,表示为 c;d 不可见,表示为(d)。

【例 1】　已知点 A 的坐标为 $A(20\ mm,10\ mm,15\ mm)$,求作点 A 的三面投影。

【解】

(1) 画水平和铅垂的直线,两直线的交点为坐标原点 O,其坐标轴为 OX、$OY(Y_W Y_H)$和 OZ(图 2-20);

(2) 在 OX 轴上取点 a_X,使 $Oa_X=20\ mm$;

(3) 过点 a_X 作 OX 轴的垂线,由点 a_X 向 OZ 方向量取 $a_X a'=15\ mm$,得 V 面投影 a';由 a_X 向 YW 方向量取 $a_X a=10\ mm$,得 H 面投影 a;

(4) 由 a' 向 OZ 轴引垂线,得交点 a_Z,在所引垂线延长线上截取 $a_Z a''=10\ mm$,得 W 面投影 a''。

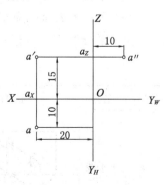

图 2-20　已知点的坐标求其三面投影

二、直线的投影

在画法几何中,直线由直线上任意两个点的位置确定,因此直线的投影可由直线上两点的投影来确定,将直线上点的投影相连,即得到直线在该投影面上的投影。

(一) 直线的三面投影

空间一直线的投影可由直线上的两点(通常取线段两个端点)的同面投影来确定。如图 2-21(a)所示的直线 AB,求作它的三面投影图时,如图 2-21(b)所示可分别作出 A、B 两端点的投影(a,a',a'')、(b,b',b''),然后将其同面投影连接起来即得直线 AB 的三面投影图,如图 2-21(c)所示。

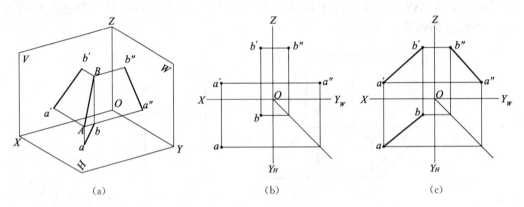

| (a) | (b) | (c) |

图 2-21 直线的三面投影

(二) 直线的投影规律

根据与投影面的相对位置,直线可分为一般位置直线和特殊位置直线。特殊位置直线分为投影面的平行线(水平线、正平线、侧平线)和投影面的垂直线(铅垂线、正垂线、侧垂线)。

1. 投影面的平行线

只平行于一个投影面,倾斜于另外两个投影面的直线,称为某投影面的平行线。

(1) 平行于 V 面而倾斜于 H、W 面的直线,称为正平线(表 2-1a)。

(2) 平行于 H 面而倾斜于 V、W 面的直线,称为水平线(表 2-1b)。

(3) 平行于 W 面而倾斜于 V、H 面的直线,称为侧平线(表 2-1c)。

表 2-1 投影面平行线的投影特性

序号	名称	轴测图	投影图	投影特性
a	正平线			(1) $a'b'=AB$,反映 α、γ 角 (2) $ab /\!/ OX$ 轴,$a''b'' /\!/ OZ$ 轴

（续表）

序号	名称	轴测图	投影图	投影特性
b	水平线			(1) $cd=CD$,反映 β、γ 角 (2) $c'd'\parallel OX$ 轴，$c''d''\parallel OY_W$ 轴
c	侧平线			(1) $e''f''=EF$,反映 α、β 角 (2) $e'f'\parallel OZ$ 轴,$ef\parallel OY_H$ 轴

投影面平行线的投影特性：
1. 直线在与其平行的投影面上的投影,反映该线段的实长和与其他两个投影面的倾角；
2. 直线在其他两个投影面上的投影分别平行于相应的投影轴,且比线段的实长短

2. 投影面的垂直线

垂直于一个投影面,而平行于另外两个投影面的直线,称为某投影面的垂直线。

（1）垂直于 V 面、平行于 H、W 面的直线,称为正垂线（表 2-2a）。

（2）垂直于 H 面、平行于 V、W 面的直线,称为铅垂线（表 2-2b）。

（3）垂直于 W 面、平行于 V、H 面的直线,称为侧垂线（表 2-2c）。

表 2-2　投影面垂直线的投影特性

序号	名称	轴测图	投影图	投影特性
a	正垂线			(1) $a'b'$ 积聚成一点 (2) ab 垂直 OX 轴,$a''b''$ 垂直 OZ 轴,$ab=a''b''=AB$
b	铅垂线			(1) cd 积聚成一点 (2) $c'd'$ 垂直 OX 轴,$c''d''$ 垂直 OY_W 轴,$c'd'=c''d''=CD$

（续表）

序号	名称	轴测图	投影图	投影特性
c	侧垂线			(1) $e''f''$ 积聚成一点 (2) $e'f'$ 垂直 OZ 轴，ef 垂直 OY_H 轴，$e'f'=ef=EF$

投影面垂直线的投影特性：

1. 直线在与其所垂直的投影面上的投影积聚成一点；
2. 直线在其他两个投影面上的投影分别垂直于相应的投影轴，且反映该线段的实长

3. 一般位置直线

倾斜于三个投影面的直线，称为一般位置直线，也可称为倾斜线。图 2-22(a) 为一般位置直线的直观图，直线与它在某一投影面上的投影所形成的锐角，称为直线对该投影面的倾角。直线对 H、V、W 面的倾角分别用 α、β、γ 表示。从图 2-22(b) 可以看出一般位置直线的投影特性如下：

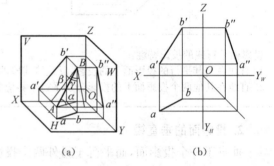

(a)　　　　　(b)

图 2-22　一般位置直线

(1) 直线的三个投影仍为直线，但不反映实长；

(2) 直线的各个投影均倾斜于投影轴，长度比实长短，且不能反映直线与投影面的真实倾角。

4. 直线投影的定比性

直线上的点分割线段之比等于其投影之比，这称为直线投影的定比性。在图 2-23(a) 中，点 C 在线段 AB 上，它把线段 AB 分成 AC 和 CB 两段。根据直线投影的定比性可以得出 $AC:CB=ac:cb=a'c':c'b'=a''c'':c''b''$ [图 2-23(b)]。

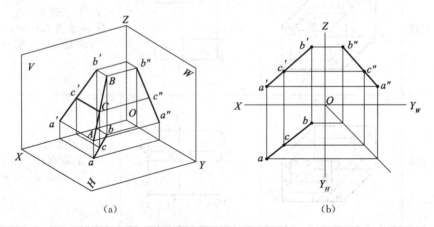

(a)　　　　　(b)

图 2-23　直线投影的定比性

【例2】 如图 2-24(a)所示,已知直线 AB,求作 AB 上的 C 点,使 $AC:CB=2:3$。

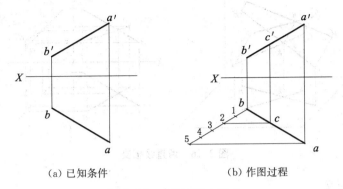

(a) 已知条件   (b) 作图过程

图 2-24　求作直线上的点

【解】 根据直线上的点的投影特性,作图过程如图 2-24(b)所示:

(1) 自 a 任引一直线,以任意直线长度为单位长度,从 a 顺次量相等的 5 个单位,得点 1,2,3,4,5。

(2) 连 5 与 b,作 $2c /\!/ 5a$,与 ab 交于 c。

(3) 由 c 引投影连线,与 $a'b'$ 交得 c',c' 与 c 即为所求的 C 点的两面投影。

5. 两条直线的相对位置

两条直线在空间的相对位置关系有平行、相交和交叉(异面)三种情况。

(1) 两直线平行

若空间两直线平行,则它们的各同面投影必定互相平行。如图 2-25 所示,由于 $AB /\!/ CD$,则必定 $ab /\!/ cd$,$a'b' /\!/ c'd'$,$a''b'' /\!/ c''d''$。反之,若两直线的各同面投影互相平行,则此两直线在空间也必定互相平行。

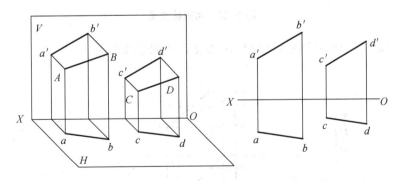

图 2-25　两直线平行

(2) 两直线相交

若空间两直线相交,则它们的各同面投影必定相交,且交点符合点的投影规律。如图 2-26所示,两直线 AB、CD 相交于 K 点,因为 K 点是两直线的共有点,则两直线的各组同面投影的交点 k、k'、k''必定是空间交点 K 的投影。若两直线的各同面投影相交,且各组同面投影的交点符合点的投影规律,则此两直线在空间也必定相交。

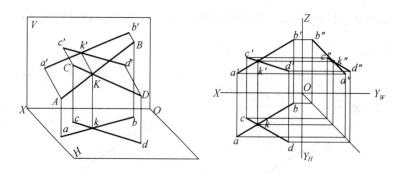

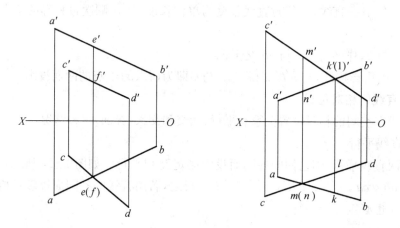

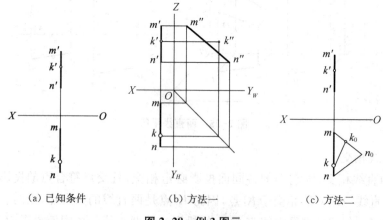

图 2-26　两直线相交

（3）两直线交叉

既不平行也不相交的两直线，称为交叉（异面）直线。其各面投影既不符合平行两直线的投影特性，也不符合相交两直线的投影特性，如图 2-27 所示。

图 2-27　两直线交叉

【例3】　如图 2-28(a)所示，试判断 K 点是否在侧平线 MN 上？

（a）已知条件　　（b）方法一　　（c）方法二

图 2-28　例 3 图示

【解】　可按直线上点的投影特性，用方法一或方法二进行判断。

方法一，如图 2-28(b)所示：

(1) 加 W 面，即过 O 作投影轴 OY_H、OY_W、OZ。

(2) 由 $m'n'$、mn 和 k'、k 作出 $m''n''$ 和 k''。

(3) 由于 k'' 不在 $m''n''$ 上，所以 K 点不在 MN 上。

方法二，如图 2-28(c)所示：

(1) 过 m 任作一直线，在其上取 $mk_0=m'k'$，$k_0n_0=k'n'$。

(2) 分别将 k 和 k_0、n 和 n_0 连成直线。

(3) 由于 $kk_0 \nparallel nn_0$，于是 $m'k':k'n' \neq mk:kn$，从而就可立即判断出 K 点不在 MN 上。

(三) 平面的投影规律

平面与投影面的相对位置有三种：投影面垂直面、投影面平行面和一般位置平面。平面对 H、V、W 面的倾角分别用 α、β、γ 来表示。

1. 投影面垂直面

垂直于一个投影面，与另两个投影面倾斜的平面称为该投影面的垂直面。垂直于 V 面的平面称为正垂面；垂直于 H 面的平面称为铅垂面；垂直于 W 面的平面称为侧垂面（表2-3）。

表 2-3　投影面垂直面的投影特性

序号	名称	轴侧图	投影图	投影特性
a	正垂面			(1) q' 积聚成一直线，反映 α、γ 角； (2) q 和 q'' 均为原图形的类似形
b	铅垂面			(1) p 积聚成一直线，反映 β、γ 角； (2) p' 和 p'' 均为原图形的类似形
c	侧垂面			(1) r'' 积聚成一直线，反映 α、β 角； (2) r' 和 r 均为原图形的类似形

投影面垂直面的投影特性：

1. 平面在与其所垂直的投影面上的投影面积聚成倾斜于投影轴的直线，并反映该平面对其他两个投影面的倾角；
2. 平面的其他两个投影都是面积小于原平面图形的类似形

2. 投影面平行面

平行于一个投影面,与另两个投影面垂直的平面称为该投影面的平行面。平行于 V 面的平面称为正平面;平行于 H 面的平面称为水平面;平行于 W 面的平面称为侧平面(表2-4)。

表 2-4 投影面平行面的投影特性

序号	名称	轴测图	投影图	投影特性
a	水平面			(1) p 反映平面实形; (2) p' 和 p'' 均具有积聚性,且 $p' // OX$ 轴,$p'' // OY_W$ 轴
b	正平面			(1) q' 反映平面实形; (2) q 和 q'' 均具有积聚性,且 $q // OX$ 轴,$q'' // OZ$ 轴
c	侧平面			(1) r'' 反映平面实形 (2) r' 和 r 均具有积聚性,且 $r' // OZ$ 轴,$r // OY_H$ 轴

投影面平行面的投影特性:
1. 平面在与其平行的投影面上的投影反映平面图形的实形;
2. 平面在其他两个投影面上的投影均积聚成平行于相应投影轴的直线

3. 一般位置平面

倾斜于三个投影面的平面,称为一般位置平面,其投影如图 2-29 所示(图中平面用三角形表示)。△ABC 对 H、V、W 面均倾斜,它的三个投影都是三角形,为原平面图形的类似形,面积均比实形小。

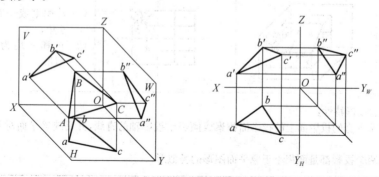

图 2-29 一般位置平面

特殊位置上的点、直线和图形,在该平面的有积聚性的投影所在的投影面上的投影,必定积聚在该平面的有积聚性的投影上。利用这个投影特性,可以求做特殊位置平面上的点、直线和图形的投影。

【例4】 如图2-30(a)所示,已知△ABC,在△ABC上求作一条距V面为13 mm的正平线。

【解】 作图过程如图2-30(b)所示:

(1)在OX轴之下(即OX轴之前)13 mm处,作OX轴的平行线,即为这条正平线的H面投影,与ab、bc分别交得d、e,de即为所求作的正平线DE的H面投影。

(2)由d、e作投影连线,分别与a'b'、b'c'交得d'、e',连接d'和e',d'e'即为所求的正平线DE的V面投影。

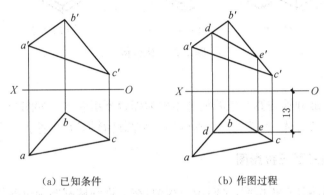

(a)已知条件	(b)作图过程

图2-30 在△ABC上求作正平线

第四节　组合体的投影图

一、基本形体的分类

建筑形体不管简单还是复杂,都可以看成是由若干个几何形体叠加或切割而成的,我们称这样的几何形体为基本形体。

基本形体按其表面的几何性质,可以分为平面体和曲面体两大类:

(1)立体表面由平面围成的形体称为平面体,常见的平面体有棱柱、棱锥等;

(2)立体表面由曲面或者由曲面和平面所围成的形体称为曲面体,常见的曲面体有圆柱、圆锥、球、环等。

在本书中主要讲授组合体为平面体,曲面体内容略。

二、组合体的分类

组合体根据其组成方式不同,大致可以分成三类。

1. 叠加型

由若干个基本形体叠加而成的组合体,称为叠加型组合体。如图2-31(a)所示,该组合体可以看成由一个长方体(四棱柱)与一个三棱柱、一个五棱柱组成。

2. 截割型

一个基本形体被一些不同位置的截面切割后而形成的组合体,称为截割形的组合体。如图 2-31(b)所示,该组合体可以看成是由一个长方体经两次切割而成。第一次在长方体的中前部挖去一个小长方体后,形成一个槽形体;然后再一次将槽形体用一正垂面切掉一块而成。

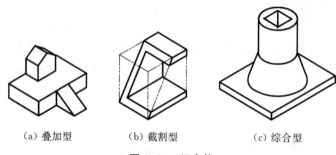

（a）叠加型　　　　（b）截割型　　　　（c）综合型

图 2-31　组合体

3. 综合型

由基本形体叠加和被截割而成的组合体称为综合型组合体。如图 2-31(c)所示,该组合体可以看成由一个长方体(底板)、一个圆台和一个圆柱叠加后,再挖去一个四棱柱而形成。

三、组合体的三面正投影图

三面正投影图简称正投影图,又叫做三视图,在工程领域制图和识图都遵循以下约定。

前后左右的约定:通常所说形体的前后左右,是根据形体表面与坐标面的关系而言。以坐标面为准,形体上距 W 面远的面为形体的左边,距 W 面近者为形体的右边;距 V 面远的面称为前面,距 V 面近的面称为后面,如图 2-32(a)所示。

长宽高的约定:如图 2-32(b)所示。

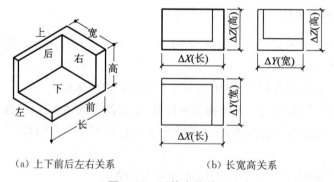

（a）上下前后左右关系　　　　（b）长宽高关系

图 2-32　形体方位关系

四、组合体的投影图

绘制组合体投影图的步骤一般包括:形体分析;选择正立面图的投射方向;选比例、定图幅进行图面布置;画投影图和标注尺寸。

1. 形体分析

形体分析的目的是确定组合体由哪些基本形体组成,确定它们之间的相对位置。如图2-33(a)所示,可以把形体分为Ⅰ、Ⅱ两个平放着的五棱柱和带缺口的四棱柱Ⅲ、三棱锥Ⅳ这样四个基本形体[图2-33(b)]。形体Ⅲ在形体Ⅰ的上边,形体Ⅱ在形体Ⅰ的前面,形体Ⅳ在形体Ⅰ和Ⅱ的相交处。

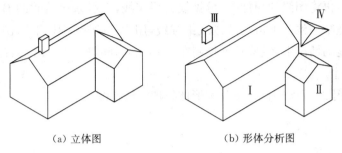

(a) 立体图　　　　　　　　(b) 形体分析图

图 2-33　组合体的形体分析

2. 选择正立面图的投射方向

选择投射方向主要考虑以下三个基本条件:

(1) 正立面图最能反映形体的特征。

(2) 形体的正常工作位置,如梁和柱,梁的工作位置是横置,画图时必须横放;柱的工作位置是竖置,画图时必须竖放。

(3) 投影面的平行面最多,投影图上的虚线最少。

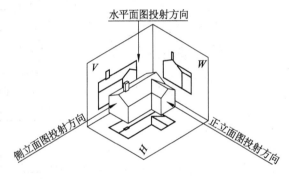

图 2-34　正立面图的投射方向

综上,选择正立面图的投射方向(图2-34)中箭头所指的方向,水平面图和左侧立面图以此为依据。

3. 选比例、定图幅进行图面布置

一般采用两种方式:

(1) 先选比例,根据比例确定图形的大小,根据几个投影图所需的图幅大小来选择图纸型号。

(2) 先定图幅,根据图纸幅面来调整绘图比例。

在实际工作中,常常将两种方法兼顾考虑,但要注意图形大小适当,各投影图与图框线的距离基本相等;各投影图之间的间隔大致相等。

4. 画投影图和标注尺寸

(1) 图面布置

确定各图形在图纸上的位置,画出定位线或基准线。

(2) 画底稿线

根据形体的特征及其分析的结果,用较硬的 2H 或 3H 铅笔轻画。画图时可采用先画一个基本形体的三个投影图后再画第二个基本形体投影图的方法;也可以采用先画完一个组

合体的一个投影图后再画第二个投影图的方法。

（3）检查与修改

在工程施工图中力求图形正确无误,避免因图纸的错误造成工程上的损失。当底稿线图画好之后,必须对所画的图样进行认真检查,改正错误之处,保证所画图样正确无误。

（4）加深图线

检查无误后,再将图线加粗加深;可见线为粗实线,一般采用偏软的 B 铅笔完成。线条要求黑而均匀,宽窄一致。不可见线画成细虚线,用中性铅笔 HB 完成,图线要求虚线线段长度一致,在可能的情况下,线段长度控制在 3~4 mm,间隔在 1 mm 左右。

（5）标注尺寸

【例5】 如图 2-35(a)所示,按基本形体叠加方法作图。

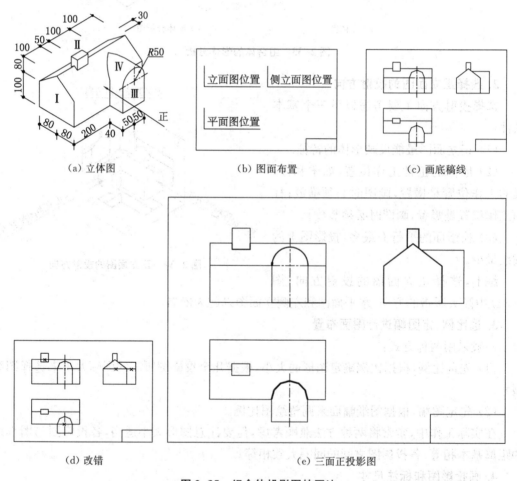

(a) 立体图 　　　　(b) 图面布置 　　　　(c) 画底稿线

(d) 改错 　　　　　　　(e) 三面正投影图

图 2-35　组合体投影图的画法

【解】 （1）形体分析:该形体可以看作由四个基本形体组成。形体Ⅰ为平放的五棱柱,形体Ⅱ为带缺口的长方体,形体Ⅲ为四棱柱,形体Ⅳ为一斜切半圆柱叠加在形体Ⅰ和Ⅲ上。

（2）选择投射方向:根据选择投射方向的三个基本条件,选择正立面图的投射方向。如图 2-35(a)中箭头上注有"正"字的方向为正立面图的投射方向,其他投影图的投射方向以此为准,确定侧面图和水平面图的投射方向。

(3)确定比例和定图幅:作业中一般采用 A2 或 A3 图幅,建筑物的体积比较大,一般采用缩小比例绘制。本图例采用 1∶1 的比例,并采用 A3 幅面绘制。

(4)画投影图。

五、组合体投影图的识读

画图是将三维空间的形体画成二维平面的投影图的过程,读图则把二维平面的投影图形想象成三维空间的立体形状。读图是为了培养空间想象力和读懂投影图的能力,为阅读工程施工图打下良好的基础。

1. 运用"三等"关系

在投影图中,形体的三个投影图不论是整体还是局部都具有长对正、高平齐、宽相等的三等关系。

掌握形体前后、左右、上下六个方向在投影图中的相对位置,有助于理解组合体中的基本形体在组合体中的位置。如平面图只反映形体前后、左右的关系和形体顶面的形状,不反映上下关系;正立面图只反映形体上下、左右的关系和形体正面的形状,不反映前后的关系;左侧立面图只反映形体前后、上下关系和形体左侧面的形状,不反映左右关系。

2. 利用基本形体的投影特征

掌握基本形体的投影特征,是阅读组合体投影图必不可少的基本知识,如三棱柱、四棱柱、四棱台等的投影特征和圆柱、圆台的投影特征。掌握了这些基本形体的投影特征,就便于用形体分析法来阅读组合体的投影图。

3. 分析各种位置直线、平面的投影特征

各种位置直线包括一般线和特殊位置线,特殊位置线包括投影面的平行线和投影面的垂直线。各种位置平面包括一般面和特殊位置平面,特殊位置平面又包括投影面的平行面和投影面的垂直面。掌握了各种位置直线和各种位置平面的投影,就便于用线面分析法来阅读组合体的投影图。

4. 明确线条、线框的含义

投影图中的线条的含义不仅是形体上棱线的投影,其含义也可能是下面三种情况之一:

(1)表示形体上两个面的交线(棱线)的投影;

(2)表示形体上平面的积聚投影;

(3)表示曲面体的转向轮廓线的投影。

分析线条的含义在于弄清投影图中的线条是形体上的棱线、轮廓线的投影还是平面的积聚投影。

投影图中的线框的含义也不仅表示一个平面的投影,线条的线框的含义也可能是下面三种情况之一:

(1)一个封闭的线框表示一个面,包括平面和曲面;

(2)一个封闭的线框表示两个或两个以上的面的重影;

(3)一个封闭线框还可以表示一个通孔的投影。

相邻两个线框是两个面相交,或是两个面相互错开。分析线框含义的目的在于弄清投影图中的线框是代表一个面的投影还是两个或两个以上面的投影重合及通孔的投影,抑或是线框所代表的面在组合体上的相对位置。

5. 尺寸标注

根据三等关系,相同的尺寸及对应的位置,可以帮助我们理解图意,弄清各基本形体在组合体中的相对位置。

读图步骤可归纳为"四先四后":先粗看后细看;先用形体分析法后用线面分析法;先外部(实线)后内部(虚线);先整体后局部。

【例5】 根据组合体的 V、H 投影,补绘 W 投影,如图 2-36(a)所示,并想象(画出)形体的形状(立体图)。

【解】 根据形体的 V、H 投影、三等关系、方位关系分析,该组合体由一个长方体Ⅰ、一个三棱柱Ⅱ和一个五棱柱Ⅲ组成。

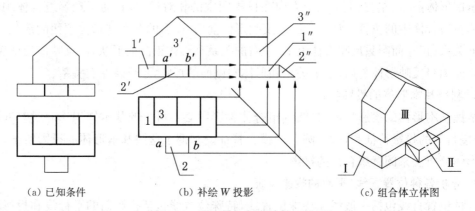

| (a) 已知条件 | (b) 补绘 W 投影 | (c) 组合体立体图 |

图 2-36 补画叠加型形体的 W 投影

解题步骤如下:

(1) 补长方体Ⅰ的 W 投影为矩形线框。

(2) 补三棱柱Ⅱ的 W 投影为三角形线框。

(3) 补五棱柱Ⅲ的 W 投影为上下两个矩形线框。上面的矩形线框为正垂面的投影,下面矩形线框为侧平面的投影,其结果如图 2-36(b)所示。

(4) 画出组合体的立体图,如图 2-36(c)所示。

注意:H 投影中有 ab 线段,说明形体Ⅰ与形体Ⅱ二者在此处不共面,产生了交线,所以形体Ⅱ在建筑形体中理解成三棱柱而不理解成长方体。

【课后思考题】

1. 什么是投影?投影的类别有哪几种?

2. 三面正投影图是如何建立的?

3. 三面正投影图的投影规律是什么?

4. 点的投影规律有哪些?

5. 如何根据点的投影判定空间两点的相对位置?

6. 什么是重影点? 如何表示重影点?

7. 直线的投影规律有哪些?

8. 平面的投影规律有哪些?

9. 什么是投影面平行面? 有哪几种? 各自的投影特性是怎样的?

10. 什么是投影面垂直面? 有哪几种? 各自的投影特性是怎样的?

11. 什么是一般位置平面? 其投影特性是怎样的?

12. 组合体尺寸由哪几部分组成?

第二部分 | 建筑构造

第三章　建筑的基本知识

通过本章的学习,学生应掌握建筑构造的组成;熟悉建筑物的分类及等级划分;了解建筑工业化;掌握建筑模数。

1. 了解建筑的基本概念。
2. 熟悉建筑的分类及等级划分。
3. 了解建筑的构成要素。
4. 掌握建筑模数。

1. 掌握房屋建筑的基本组成及其作用。
2. 熟悉建筑的分类及等级。
3. 了解建筑工业化。

第一节　民用建筑概述

一、建筑的定义

建筑是建筑物和构筑物的总称,是人们为了满足社会生活需要,利用所掌握的物质技术手段,并运用一定的科学规律和美学法则创造的人工环境。中国传统建筑以木结构建筑为主,西方的传统建筑以砖石结构为主。现代的建筑则是以钢筋混凝土为主。

建筑物是由基础、墙、屋顶、门窗等构件组成的,能够遮风避雨,供人在内居住、工作、学习、娱乐、储藏物品或进行其他活动的空间场所。

构筑物则不提供内部使用空间,人们一般不直接在内进行生产和生活活动,如烟囱、水塔、桥梁等。

二、房屋建筑的构造组成

一般民用建筑由基础、墙或柱、楼(地)层、楼梯、屋顶、门窗等构配件组成(图3-1),它们分别起着支撑、传递建筑物各种荷载和围护等作用。

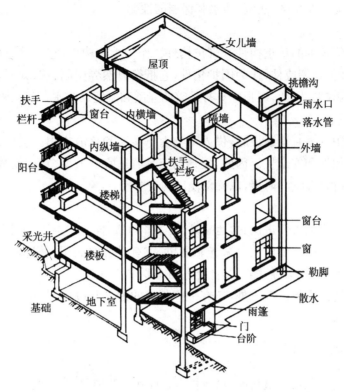

图 3-1 民用建筑的组成

（一）基础

基础是建筑物最下部的承重构件，作用是承受建筑物的全部荷载，并把这些荷载传给地基。

（二）墙或柱

墙或柱是建筑物垂直方向的构件，主要作用是承重、围护及分隔空间。

墙，作为承重构件，作用是承受建筑物由屋顶及楼板等上部构件传来的荷载，并将这些荷载传递给基础；作为围护构件，作用是抵御自然界各种因素对室内的侵袭；作为分隔构件，则起着分隔空间、隔声、遮挡视线的作用。

在框架或排架结构中，墙仅起围护和分隔的作用。因此，根据其功能不同，墙体应具有足够的强度和稳定性，以及保温、隔热、隔声、环保、防火、防水、耐久、经济等性能。

柱，作为建筑物中垂直方向的主要结构构件，起承重作用，承担位于其上方的所有荷载。为了扩大建筑空间，可用柱来代替墙体。因此，柱必须有足够的强度和稳定性。

（三）楼地层

楼地层是楼板层和地坪层的总称，是建筑物水平方向的承重构件，并在竖向将建筑物按层高划分为若干部分。楼地层的作用是承受家具、设备和使用者等荷载及结构本身的自重，并把这些荷载传给墙（柱）。同时，楼板层还对墙身起水平支撑作用，增强建筑的刚度和整体性。因此，楼板层必须具有足够的强度、刚度及隔声性能，对于用水房间，还应兼顾防潮和防水等性能。

地坪层是底层房间与地基土层相接的构件,起承受底层房间荷载的作用。因此,地坪层应有一定的承载能力及耐磨、防潮、防水和保温的性能。

(四) 屋顶

屋顶是建筑物顶部的承重构件和围护构件。作为承重构件,它承受着建筑物顶部的各种荷载,并将荷载传给墙或柱;作为围护构件,它抵御自然界中雨、雪、太阳辐射等因素对建筑物顶层房间的影响。因此,屋顶应具有足够的强度和刚度及防水、保温、隔热等性能。

(五) 楼梯

楼梯是建筑中的垂直交通设施,供人或物上下楼层和疏散之用。楼梯设置是否合理直接关系到建筑实用性和安全性。因此,楼梯除应具有适宜的坡度、宽度及数量外,还须有足够的通行能力,并做到防火、防滑,以确保使用的安全性。

(六) 门窗

门的主要作用是供人们进出、搬运家具、设备和疏散,同时也兼顾采光和通风,要求有足够的宽度和高度。窗的主要作用是采光和通风,应有足够的面积。根据门窗所处位置的不同,还会在防风沙、防水、保温、隔声等性能方面有要求。

建筑物除上述基本组成部分外,还有一些其他的配件和设施,如阳台、雨篷、通风道、散水、勒脚等。

三、建筑的构成要素

建筑的构成要素包括建筑功能、物质技术条件和建筑形象三方面。

(一) 建筑功能

建筑功能是人们建造房屋的目的,即建筑在物质方面的具体使用要求,是决定建筑形式的最基本因素。在不同的使用功能要求下,产生了不同的建筑类型,如住宅为了居住、生活和休息;工厂为了生产;影剧院为了文化娱乐;商店为了商品交易等。

(二) 物质技术条件

建筑的物质技术条件是实现建筑功能的物质基础和技术手段。物质基础包括建筑材料与制品、建筑设备和施工机具等。技术手段包括建筑设计理论、工程计算理论、建筑施工技术和管理理论等。

建筑材料是物质基础,结构是构成建筑空间环境的骨架,建筑设备是保证建筑达到使用要求的技术条件,建筑施工技术是实现建筑生产的过程和方法。

现代科学的飞速发展,不仅使建筑可向空中、地下、海洋发展,还为建筑艺术创作开辟了更为广阔的天地。

(三) 建筑形象

建筑形象是建筑外形、立面样式、建筑色彩、材料质感、细部装饰等的综合表现形式。建筑形象不单是关乎美观问题,还反映时代的生产力水平、文化生活水平、社会风貌、民族特点和地方特征等。

三个基本要素中,建筑功能是主导因素,对物质技术条件和建筑形象起决定作用;物质技术条件是实现建筑功能的手段,对建筑功能起制约或促进的作用;建筑形象则是建筑功能、技术和艺术内容的综合表现。在优秀的建筑作品中,这三者是辩证统一的。

第二节　建筑的分类和等级划分

建筑物根据其使用功能、规模大小、重要程度、结构类型等不同的标准进行分类和等级划分,并根据其所属的类型和等级,确定建筑物的建造标准和构造措施。

一、建筑的分类

(一) 按建筑物的使用性质分类

(1) 民用建筑:指供人们居住、生活、工作和学习的房屋和场所。按其使用功能又可分为居住建筑和公共建筑。

居住建筑:供家庭或集体生活起居的建筑物,如住宅、宿舍、公寓等。

公共建筑:供人们进行各种社会活动的建筑物,如行政办公建筑、文教建筑、科研建筑、托幼建筑、医疗建筑、商业建筑、展览建筑、交通建筑、娱乐建筑、纪念建筑等。

(2) 工业建筑:供人们从事各类生产活动的用房,如厂房等。

(3) 农业建筑:供农业、牧业生产和加工用的建筑,如温室、畜禽饲养场、种子库等。

(二) 按主要承重结构的材料分类

(1) 木结构建筑:用木材作为主要承重构件的建筑。

(2) 混合结构建筑:用两种或两种以上材料作为主要承重构件的建筑。

(3) 钢筋混凝土结构建筑:主要承重构件全部采用钢筋混凝土的建筑。

(4) 钢结构建筑:主要承重构件全部采用钢材制作的建筑。

(三) 按结构的承重方式分类

(1) 砌体结构建筑:用叠砌墙体承受楼板及屋顶传来的全部荷载的建筑。

(2) 框架结构建筑:由钢筋混凝土或钢材制作的梁、板、柱形成的骨架来承担荷载的建筑。

(3) 剪力墙结构建筑:由纵、横向钢筋混凝土墙组成的结构来承受荷载的建筑。

(4) 空间结构建筑:横向跨越 30 m 以上空间的各类结构形式的建筑。

(四) 按建筑的层数或总高度分类

(1) 住宅建筑:1~3 层为低层建筑;4~6 层为多层建筑;7~9 层为中高层建筑;10 层以上为高层建筑。

(2) 公共建筑:建筑物高度超过 24 m 者为高层建筑(不包括高度超过 24 m 的单层建筑),建筑物高度不超过 24 m 者为非高层建筑。

(五) 按建筑的规模和数量分类

(1) 大量性建筑:指建筑规模不大,但建造数量多,与人们生活密切相关的建筑,如住宅、教学楼、医院等。

(2) 大型性建筑:指建造于城市中的体量大而数量少的公共建筑,如大型体育馆、火车站、机场航站楼等。

二、建筑的等级划分

（一）耐久等级

建筑物耐久等级指的是建筑的使用年限。

一级：使用年限为 100 年以上，适用于重要的建筑和高层建筑。

二级：使用年限为 50～100 年，适用于一般性的建筑。

三级：使用年限为 25～50 年，适用于次要的建筑。

四级：使用年限为 15 年以下，适用于临时性或简易建筑。

（二）耐火等级

建筑物的耐火等级是衡量建筑物耐火程度的标准，根据组成建筑物构件的燃烧性能和耐火极限确定，我国现行《建筑设计防火规范》（GB 50016—2014）规定：高层建筑的耐火等级分为一级、二级两个级别；其他建筑的耐火等级分为一级、二级、三级、四级四个级别。

（1）耐火极限：指对任一建筑构件按时间-温度标准曲线进行耐火试验，从受到火的作用时起，到失去支持能力或完整性被破坏或失去隔火作用时为止的这段时间，以小时为单位。

（2）燃烧性能：指组成建筑物的主要构件在明火或高温作用下燃烧与否及燃烧的难易程度。建筑构件分为非燃烧体、难燃烧体和燃烧体。

第三节　建筑工业化和建筑模数

一、建筑工业化的意义和内容

（一）建筑工业化的意义

建筑工业化是指通过现代化的制造、运输、安装和科学管理的大工业生产方式，来代替传统建筑业中分散的、低效率的手工业生产方式。发展建筑工业化的意义在于能够加快建设速度，降低劳动强度，减少人工消耗，提高施工质量和劳动生产率。

预制装配式建筑是目前建筑工业化发展的主要形式，建筑的主要构件可以在工厂生产加工后运送到工地现场，在工地现场以拼装的方式建造，如图 3-2 所示。用这种方式建造房屋，可以实现节材、节时，提高建筑的质量和品质。

（二）建筑工业化的内容

建筑工业化的主要内容包括建筑设计标准化、构配件生产工厂化、施工机械化、装修一体化和管理信息化等。

建筑设计标准化就是统一设计构配件，并尽量减少其类型，形成单元或整个房屋的标准设计，是实现建筑工业化的前提。只有设计标准化、定型化，才能实现工厂化、机械化生产。标准化设计的核心是建立标准化单元。如今，得益于信息化技术的应用，尤其是 BIM 技术强大的信息共享、协同工作能力，突破了建筑建造原有的局限性，更利于建筑工业化的推进。

图 3-2　预制装配建筑构件的施工过程

二、建筑模数

为保证建筑设计标准化和构件生产工厂化,建筑物各组成部分的尺寸必须协调统一,为此我国制定了《建筑模数协调标准》(GB/T 50002—2013),并将其作为建筑设计的依据。

(一) 概念和分类

建筑模数是选定的尺寸单位,作为建筑构配件、建筑制品及有关设备尺寸间互相协调的增值单位,包括基本模数和导出模数。

1. 基本模数

模数协调中选定的基本尺寸单位,数值为 100 mm,其符号为 M,即 1 M＝100 mm。

2. 导出模数

导出模数分为扩大模数和分模数。

(1) 扩大模数是基本模数的整数倍数。其中水平扩大模数基数为 3 M, 6 M, 12 M, 15 M, 30 M, 60 M,相应的尺寸分别是 300 mm, 600 mm, 1 200 mm, 1 500 mm, 3 000 mm, 6 000 mm;竖向扩大模数的基数是 3 M, 6 M,相应的尺寸是 300 mm, 600 mm。

(2) 分模数是基本模数的分数值,其基数是 $\frac{1}{10}$ M, $\frac{1}{5}$ M, $\frac{1}{2}$ M,对应的尺寸是 10 mm, 20 mm, 50 mm。

(二) 模数数列

模数数列是以选定的模数基数为基础展开的数值系统。我国传统模数系列习惯强调 3M,不主张 2M,其已不能满足建筑发展的要求。现行规范已不做此方面的限定,建筑物中的尺寸建议符合表 3-1 中模数数列的规定。

表 3-1　模数数列　　　　　　　　　　　　　　　　单位:mm

基本模数	扩大模数						分模数		
1 M	3 M	6 M	12 M	15 M	30 M	60 M	M/10	M/5	M/2
100	300	600	1 200	1 500	3 000	6 000	10	20	50

（续表）

基本模数	扩大模数						分模数		
100	300	600	1 200	1 500	3 000	6 000	10	20	50
200	600	1 200	2 400	3 000	6 000	12 000	20	40	100
300	900	1 800	3 600	4 500	9 000	18 000	30	60	150
400	1 200	2 400	4 800	6 000	12 000	24 000	40	80	200
500	1 500	3 000	6 000	7 500	15 000	30 000	50	100	250
600	1 800	3 600	7 200	9 000	18 000	36 000	60	120	300
700	2 100	4 200	8 400	10 500	21 000		70	140	350
800	2 400	4 800	9 600	12 000	24 000		80	160	400
900	2 700	5 400	10 800		27 000		90	180	450
1 000	3 000	6 000	12 000		30 000		100	200	500
1 100	3 300	6 600			33 000		110	220	550
1 200	3 600	7 200			36 000		120	240	600
1 300	3 900	7 800					130	260	650
1 400	4 200	8 400					140	280	700
1 500	4 500	9 000					150	300	750
1 600	4 800	9 600					160	320	800
1 700	5 100						170	340	850
1 800	5 400						180	360	900
1 900	5 700						190	380	950
2 000	6 000						200	400	1 000
2 100	6 300								
2 200	6 600								
2 300	6 900								
2 400	7 200								
2 500	7 500								
2 600									
2 700									
2 800									
2 900									
3 000									
3 100									

基本模数	扩大模数						分模数		
3 200									
3 300									
3 400									
3 500									
3 600									

（三）模数数列的应用

（1）水平基本模数 1 M～20 M 的数列，主要用于门窗洞口和构配件截面等处。

（2）竖向基本模数 1 M～36 M 的数列，主要用于建筑物的层高、门窗洞口和构配件截面等处。

（3）水平扩大模数 3 M，6 M，12 M，15 M，30 M，60 M 的数列，主要用于建筑物的开间或柱距、进深或跨度、构配件尺寸和门窗洞口等处。

（4）竖向扩大模数 3 M 的数列，主要用于建筑物的高度、层高和门窗洞口等处。

（5）分模数 $\frac{1}{10}$M，$\frac{1}{5}$M，$\frac{1}{2}$M 的数列，主要用于缝隙、构造节点、构配件截面等处。

【课后思考题】

1. 民用建筑主要由哪几部分组成？各部分的作用分别是什么？

2. 建筑物的分类方法有几种？

3. 建筑工业化的意义是什么？

4. 什么是建筑模数？分为几种？各自的用途是什么？

第四章　基础和地下室

　　通过本章的学习,学生应掌握基础、地基、基础埋深等基本概念;了解基础的类型和构造及适用范围;了解地下室的组成和分类;熟悉地下室防潮、防水的构造做法。

知识目标

1. 了解地基与基础的基本概念及相互关系。
2. 熟悉基础埋深的概念及影响因素。
3. 掌握各种常用基础构造及适用范围。
4. 掌握地下室的防潮与防水做法。

技能目标

1. 能够根据工程基本情况选择基础的类型。
2. 掌握对基础的特殊部位进行构造处理的方式。
3. 能够根据地下室的结构类型选择合理的防潮、防水做法。

第一节　基础和地基

一、基本概念

　　在建筑工程中,建筑物与土层直接接触的部分称为基础,支承建筑物重量的土层称为地基。

　　基础是建筑物的组成部分,它承受着建筑物的全部荷载,并将其传给地基。基础是建筑物的主要承重构件,处在建筑物地面以下,属于隐蔽工程。基础质量的好坏,关系着建筑物的安全问题。而地基不是建筑物的组成部分,它只是承受建筑物荷载的土壤层。地基中具有一定的地耐力、直接支承基础、持有一定承载能力的土层称为持力层;持力层以下的土层称为下卧层(图 4-1)。

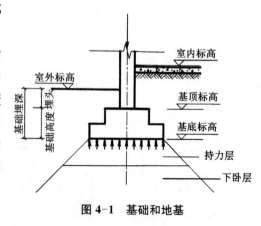

图 4-1　基础和地基

二、地基的分类

地基按土层性质不同,分为天然地基和人工地基两大类。

凡天然土层具有足够的承载力,不须经人工改良或加固,可直接在上面建造房屋的地基称天然地基。当建筑物上部的荷载较大或地基土层的承载力较弱,缺乏足够的稳定性,须预先对土壤进行人工加固后才能在上面建造房屋的地基称为人工地基。

人工加固地基通常采用压实法、换土法、化学加固法和打桩法。

三、基础的埋置深度

室外设计地面至基础底面的垂直距离称为基础的埋置深度,简称基础的埋深(图 4-2)。埋深大于或等于 5 m 的称为深基础;埋深小于 5 m 的称为浅基础;基础直接做在地表上的称不埋基础。

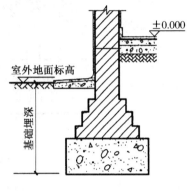

图 4-2　基础的埋置深度

在保证安全使用的前提下,应优先选用浅基础,可降低工程造价。但基础埋深过小,可能在地基受到压力后,把基础四周的土挤出,使基础产生滑移而失去稳定,同时易受到自然因素的侵蚀和影响,破坏基础,故基础的埋深在一般情况下,不小于 0.5 m。

四、影响基础埋深的因素

基础埋深的大小关系到建筑的安全性、施工的难易程度及造价的高低。影响基础理深的因素有很多,主要包括地基土层上部构造情况、工程地质条件、水文地质条件、地基土冻胀和融陷、建筑场地的环境条件等。

(一) 地基土层上部构造情况

上部构造情况包括建筑物的用途、类型、规模、荷载大小与性质等。建筑物各部分使用要求不同或地基土质变化大,要求同一建筑物各部分基础埋深不同时,应将基础做成台阶形过渡,台阶的高宽比为 1:2,每级台阶高度不超过 500 mm(图 4-3)。

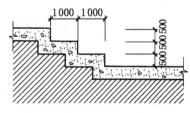

图 4-3　台阶形基础

(二) 工程地质条件

工程地质条件对基础设计方案起着决定性作用。建筑物选址时,应选择承载力高的坚实土层作为地基持力层,并确定好基础埋深。基础应建造在坚实的地基上,根据地基土层分布的不同,基础埋深情况一般有以下几种(图 4-4):

(1) 在满足地基稳定和变形的前提下,基础尽量浅埋,但通常不小于 0.5 m。

(2) 地基软弱土层在 2 m 以内,下卧层为低压缩性的土时应将基础埋在下卧层上。

(3) 软弱土层厚度为 2~5 m,低层轻型建筑争取将基础埋于表层软弱土层内,可加宽基础,必要时也可用换土、压实等方法进行地基处理。

（4）软弱土层厚度大于 5 m,低层轻型建筑应尽量浅埋于软弱土层内,必要时可加强上部结构或进行地基处理。

（5）地基土由多层土组成且均属于软弱土层或上部荷载很大时,则常采用深基础方案,如桩基础等。

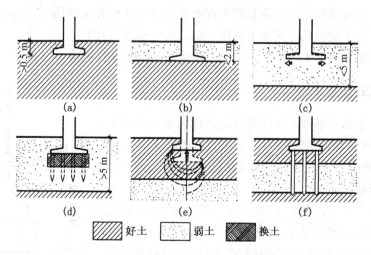

图 4-4　工程地质条件对基础埋深的影响

（三）水文地质条件

当有地下水时,确定基础埋深一般应考虑将基础埋于地下水位以上不小于 200 mm 处。当地下水位较高,基础不能埋置在地下水位以上时,将基础埋置在最低地下水位以下不小于 200 mm 的深度,还要考虑施工时基坑的排水和坑壁的支护等因素(图 4-5)。地下水位以下的基础选材应考虑地下水对基础是否有腐蚀性,适当采取防腐措施。

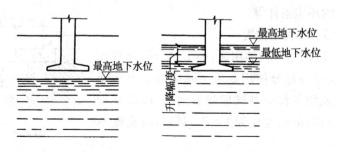

图 4-5　基础埋深和地下水位的关系

（四）地基土冻胀和融陷

冬季气温 0 ℃以下时,地表土中的自由水开始冻结,气温越低,持续时间越长,地基土层冻结深度就越大。土层冻结,体积膨胀,产生冻胀力,会使基础与墙体上抬而开裂。春季解冻时,地基土强度降低,产生沉降,寒冷地区基础埋深须考虑当地冻深大小的因素。

粉砂、粉土和黏性土等细粒土具有冻胀现象,冻胀会将基础向上拱起。土层解冻,基础又下沉,使基础处于不稳定状态。冻融的不均匀会使建筑物产生形变,严重时产生开裂等情况。因此,建筑物基础应埋置在冰冻层以下不小于 200 mm 处(图 4-6)。

(五) 建筑场地环境条件

建筑场地环境条件也会影响基础埋深的选择,如邻近建筑物基础埋深,建筑场地靠近土坡,拟建建筑物是否有地下室、地下管沟、设备基础等。

1. 邻近建筑物基础埋深

建筑场地邻近已有建筑物时,新建工程的基础埋深不宜大于原有建筑基础,否则两基础之间的净距应大于二者底面高差的 1~2 倍(图 4-7),以免开挖新基槽时危及原有基础的安全和稳定性。若不满足此条件,应采取分段施工、做护坡桩,用沉井、地下连续墙结构或加固原有基础等措施,以确保原有基础的安全。

2. 建筑场地靠近土坡

若建筑场地靠近各种土坡,包括山坡、河岸、海滨、湖边等,基础埋深应考虑邻近土坡临空面的稳定性。

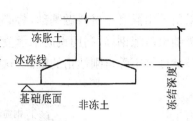

图 4-6　基础埋深和地下水位的关系

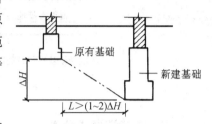

图 4-7　相邻基础净距条件

为保护基础,一般要求基础顶面低于设计室内地面不小于 0.1 m,地下室或半地下室基础的埋深则要结合建筑设计的要求确定。

第二节　基础的类型与构造

基础的类型较多,按基础所用材料及受力特点分,有刚性基础和非刚性基础(柔性基础);按构造形式分,有条形基础、独立式基础、井格式基础、片筏式基础、箱形基础和桩基础等。

一、按所用材料及受力特点分类

(一) 刚性基础

抗压强度高,抗拉、抗剪强度较低的材料称为刚性材料,常用的有砖、灰土、混凝土、三合土、毛石等。由刚性材料制作的基础称为刚性基础。为满足地基承载力的要求,基底宽(B)要大于上部墙宽。为了保证基础不被拉力、剪力破坏,基础必须具有相应的高度。通常按刚性材料的受力状况,基础在传力时只能在材料的允许夹角范围内控制,这个控制范围的夹角称为刚性角,用 α 表示。刚性基础的受力、传力特点如图 4-8 所示。

(二) 非刚性基础(柔性基础)

当建筑物的荷载较大而地基承载力较弱时,基础底面(B)必须加宽,如

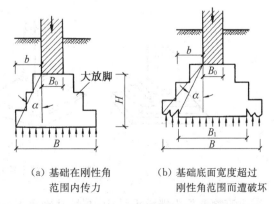

(a) 基础在刚性角范围内传力　(b) 基础底面宽度超过刚性角范围而遭破坏

图 4-8　刚性基础的受力、传力特点

果仍采用混凝土材料做基础,势必加大基础的深度,很不经济[图 4-9(a)]。如果在混凝土基础的底部配钢筋,利用钢筋来承受拉力[图 4-9(b)]使基础底部能够承受较大的弯矩,则基础宽度将不受再刚性角的限制,这种钢筋混凝土基础为非刚性基础(柔性基础)。

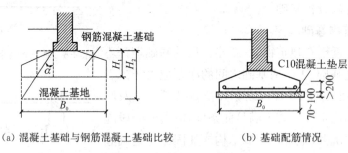

(a) 混凝土基础与钢筋混凝土基础比较   (b) 基础配筋情况

图 4-9   钢筋混凝土基础

二、按构造形式分类

(一) 条形基础

当建筑物上部结构采用墙承重时,基础沿墙身设置,多做成长条形,这类基础称为条形基础或带形基础[图 4-10(a)]。条形基础一般用于墙下,也可用于柱下。当建筑物采用柱承重,荷载较大且地基较软弱时,为了提高建筑物的整体性,防止出现不均匀沉降,可将柱上基础沿着一个方向连续设置成条形基础[图 4-10(b)]。

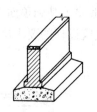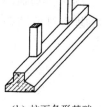

(a) 墙下条形基础   (b) 柱下条形基础

图 4-10   条形基础

(二) 独立式基础

当建筑物上部结构采用框架结构或单层排架结构承重时,基础常采用方形或矩形的独立式基础,这类基础称为独立式基础或柱式基础(图 4-11)。独立式基础是柱下基础的基本形式。

当柱采用预制构件时,则基础做成杯口形,然后将柱子插入并嵌固在杯口内,称为杯形基础[图 4-11(c)]。

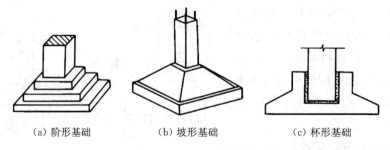

(a) 阶形基础   (b) 坡形基础   (c) 杯形基础

图 4-11   柱下独立式基础

当建筑物上部为墙承重结构,并且基础要求埋深较大时,为了避免开挖土方量过大和便于穿越管道,墙下可采用独立基础(图 4-12),墙下独立基础的间距一般为 3～4 m,上面设置基础梁来支承墙体。

（三）井格式基础

当地基条件较差,为了提高建筑物的整体性,防止柱子之间产生不均匀沉降,常将柱下基础沿纵横两个方向扩展连接起来,做成十字交叉的井格式基础(图 4-13)。

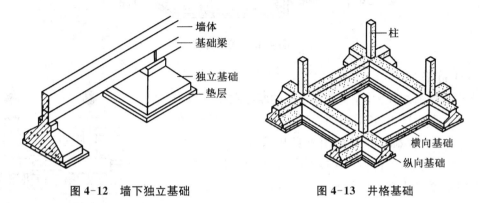

图 4-12 墙下独立基础   图 4-13 井格基础

（四）片筏式基础

由整片的钢筋混凝土板承受整个建筑的荷载并传给地基,这种基础形如片筏,故称为片筏式基础,也称为满堂基础,片筏式基础分为平板式和梁板式两大类(图 4-14),前者板的厚度较大、构造简单;后者的板厚度较小,但增加了双向梁,构造复杂,适用于地基承载力较差、荷载较大的房屋,如高层建筑。

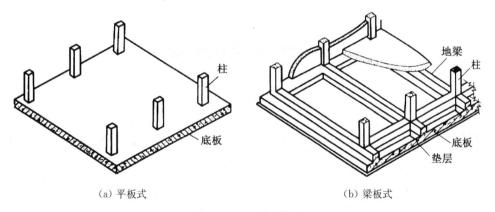

（a）平板式   （b）梁板式

图 4-14 片筏式基础

（五）箱形基础

当建筑物荷载很大或浅层地质情况较差时,为了提高建筑物的整体刚度和稳定性,基础必须深埋,常用钢筋混凝土顶板、底板、外墙和一定数量的内墙组成刚度大的盒状基础,称为箱形基础(图 4-15)。

箱形基础具有刚度大、整体性好、内部空间可用作地下室等特点,适用于高层公共建筑、住宅建筑及须设地下室的建筑。

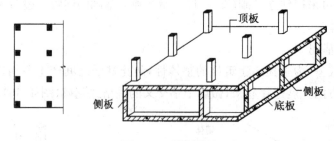

图 4-15　箱形基础

（六）桩基础

当建筑物荷载较大，地基软弱土层的厚度在 5 m 以上，基础不能埋在软弱土层内，或对软弱土层进行人工处理较困难、不经济时，常采用桩基础。桩基础由桩身和承台组成，桩身伸入土中，承受上部荷载；承台用来连接上部结构和桩身。

桩基础类型很多，按照桩身受力特点，分为摩擦桩和端承桩。上部荷载主要依靠桩身与周围土层的摩擦阻力来承受，这种桩基础称为摩擦桩[图 4-16(a)]。上部荷载主要依靠下面坚硬土层对桩端的支承来承受，这种桩基础称为端承桩[图 4-16(b)]。桩基础，按材料不同，有木桩、钢筋混凝土桩和钢桩等；按断面形式不同，有圆形桩、方形桩、环形桩、六角桩和工字形桩等；按入土方法的不同，有打入桩、振入桩、压入桩和灌注桩等。

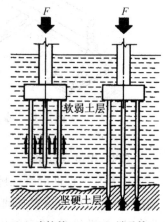

（a）摩擦桩　　（b）端承桩

图 4-16　桩基础受力示意

第三节　地下室的构造

一、地下室的组成

建筑物下部的地下使用空间称为地下室。地下室一般由墙身、底板、顶板、门窗、楼梯等部分组成。

二、地下室的分类

（一）按埋入地下深度不同分类

（1）全地下室：指地下室地面低于室外地坪的高度超过该房间净高的 1/2。

（2）半地下室：半地下室是指地下室地面低于室外地坪的高度为该房间净高的 1/3～1/2。

（二）按使用功能不同分类

（1）普通地下室。一般用作高层建筑的地下停车库、设备用房。根据用途及结构需要可做成一层、二层、三层、多层地下室。

（2）人防地下室。结合人防要求设置的地下空间，用来应对战时人员的隐蔽和疏散，并具备保障人身安全的各项技术措施。

三、地下室的防潮和防水

（一）地下室的防潮

由于地下室的墙身、底板埋在土中，长期受到潮气或地下水的侵蚀，会引起室内地面、墙面生霉，墙面装饰层脱落，影响地下室的正常使用和建筑物的耐久性。因此，地下室必须采取相应的防潮、防水措施，以保证地下室在使用时不受潮、不渗漏。

地下水的最高水位低于地下室地坪 300～500 mm 时，地下室的墙体和底板只会受到土中潮气的影响，只须做防潮处理。地下室的墙体采用砖墙时，墙体必须用水泥砂浆来砌筑，要求灰缝饱满，并在墙体的外侧设置垂直防潮层，在墙体的上、下设置水平防潮层。

墙体垂直防潮层的做法：先在墙外侧抹 20 mm 厚 1：2.5 的水泥砂浆找平层，延伸到散水以上 300 mm。找平层干燥后，上面刷一道冷底子油和两道热沥青，然后在墙的外侧回填低渗透性的土壤（黏土、灰土）等，并逐层夯实，宽度不小于 500 mm。墙体水平防潮层中一道设在地下室地坪以下 60 mm 处，一道设在室外地坪以上 200 mm 处。如墙体为现浇钢筋混凝土墙，则不需要做防潮处理。地下室需防潮时，底板可采用非钢筋混凝土（图 4-17）。

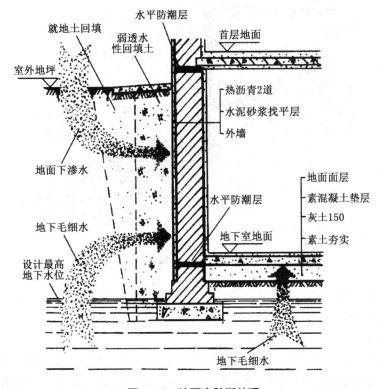

图 4-17　地下室防潮处理

（二）地下室的防水

地下水的最高水位高于地下室底板时，地下室的墙体和底板浸泡在水中，外墙会受到地下水侧压力的作用,底板会受到地下水浮力的作用,这些压力水具有很强的渗透性,会导致地下室漏水,影响正常使用。因此,地下室的外墙和底板必须采取防水措施,具体做法有柔性防水和混凝土构件自防水两种。

1. 柔性防水

柔性防水分为卷材防水和涂膜防水两种。

1)卷材防水

卷材防水层一般采用高聚物改性沥青防水卷材(SBS改性沥青防水卷材、APP改性沥青防水)或合成高分子防水卷材(如三元乙丙橡胶防水卷材、再生胶防水卷材等)与相应的胶结材料黏结形成防水层。卷材根据防水层位置的不同,地下室防水分为外防水和内防水。

(1)外防水:将卷材防水层满包在地下室墙体和底板外侧的做法。其构造要点是先做底板防水层,在外墙外侧伸出并将墙体防水层与其搭接,要高出最高地下水位500~1 000 mm,然后在墙体防水层外侧砌半砖保护墙(图4-18)。注意在墙体防水层的上部设垂直防潮层与其相连。

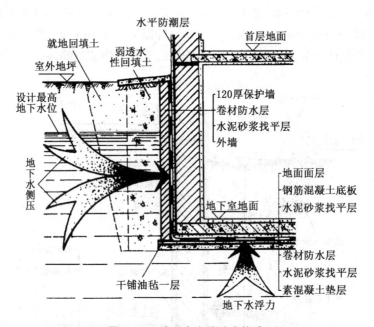

图4-18 地下室室外防水构造

(2)内防水:将卷材防水层满包在地下室墙体和地坪结构层内侧的做法。内防水施工方便,属于被动式防水,对防水不利,一般用于修缮工程(图4-19)。

2)涂膜防水

涂膜防水的合成高分子聚氨酯涂膜防水材料是由以异氰酸酯为主剂的甲料和含有多羟基的固化剂并掺有增黏剂、防霉剂、填充剂、稀释剂制成的乙料所组成。甲料和乙料按一定比例配合均匀,即可进行涂膜施工。涂膜防水有利于形成完整的防水涂层,对建筑内有穿墙管、转折和高差的特殊部位的防水处理极为有利。为保证施工质量,施工时应使基层保持清洁、平整,表面干燥。

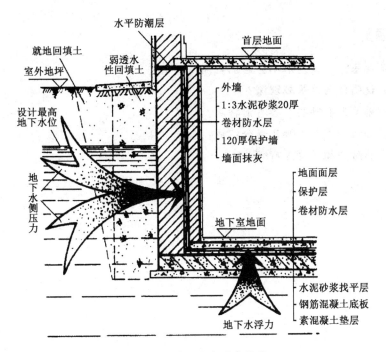

图 4-19　地下室内防水构造

2. 混凝土构件自防水

当地下室的墙体和地坪均为钢筋混凝土结构时,可通过增加混凝土的密实度或在混凝土中添加密实剂、加气剂等的方法来提高混凝土的抗渗性能,无须再专门设置防水层,这种防水做法称为混凝土构件自防水。常用外加防水剂为淡黄色液体,主要成分有氯化铝、氯化钙及氯化铁,掺入混凝土中能与水泥水化过程中的氢氧化钙反应,生成氢氧化铝、氢氧化钙等不溶于水的胶体,并与水泥中的硅酸二钙、铝酸三钙形成复盐晶体,填充于混凝土空隙内,提高其密实度,使混凝土具有良好的防水性能。

地下室采用自防水时,外墙板的厚度不得小于 200 mm,底板的厚度不得小于 150 mm,以保证其刚度和抗渗效果,为防止地下水对钢筋混凝土结构的侵蚀,在墙的外侧应先用水泥砂浆找平,然后刷热沥青隔离(图 4-20)。

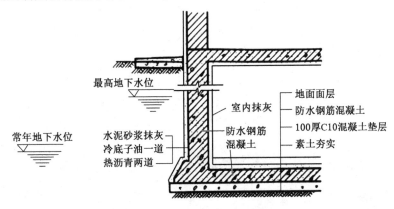

图 4-20　地下室混凝土构件自防水构造

【课后思考题】

1. 什么是地基？什么是基础？它们之间有何关系？
2. 图示并说明什么是基础埋深？
3. 常见基础类型有哪些？各有何特点？
4. 地下室如何分类？由哪几部分组成？
5. 地下室的防潮构造要点有哪些？

第五章 墙 体

　　通过学习墙体的作用与分类；砖墙的构造；砌块墙、隔墙和墙面装饰、装修构造等方面的内容，了解墙体的类型及布置方案。掌握砖墙的细部构造及隔墙构造。能合理选用墙体材料，能读懂墙体详图。

　　1. 掌握砖墙的细部构造、砖墙组砌的构造做法。
　　2. 了解墙体的构造。
　　3. 掌握隔墙的构造做法和要点。

　　1. 能独立完成墙身剖面图、构造图的识读。
　　2. 能读懂及绘制墙身大样。

第一节 墙体的分类及设计要求

　　墙体是建筑物的重要组成构件，起着承重、围护和分隔的作用。墙体不仅是建筑物的主要围护构件，同时也是建筑物的主要受力构件，墙的质量占建筑物总质量的 $40\%\sim65\%$ ，墙的造价占建筑物总造价的 $30\%\sim40\%$ ，因此，在工程设计中，合理选择墙体材料、结构方案及构造做法十分重要。

一、墙体的作用

　　墙体在房屋中的作用有以下四类：
　　（1）承重作用：承受楼板、屋顶或梁传来的荷载及墙体自重、风荷载、地震荷载等。
　　（2）围护作用：抵御自然界中风、雨、雪等的侵袭，防止太阳辐射、噪声的干扰，起到保温、隔热、隔声、防风、防水等作用。
　　（3）分隔作用：把房屋内部划分为若干房间，以适应人的使用要求。
　　（4）装饰作用：墙体装饰是建筑装饰的重要组成部分，对整个建筑物的装饰效果会起到很大作用。

二、墙体的分类

(一) 按墙体所处的位置分类

墙体可分为内墙和外墙。外墙是指建筑物四周与外界交接的墙体,内墙是指建筑物内部的墙体。

(二) 按墙体布置方向分类

墙体可分为纵墙和横墙。纵墙是指与房屋长轴方向一致的墙;横墙是指与房屋短轴方向一致的墙。外横墙通常称为山墙(图5-1)。

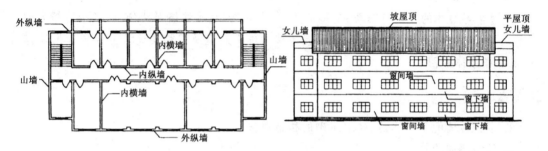

图 5-1　不同位置墙的名称

(三) 按受力情况分类

墙体可分为承重墙和非承重墙。承重墙是承受上部传来荷载的墙,非承重墙是指不承受上部传来荷载的墙。非承重墙包括自承重墙、框架填充墙、隔墙、幕墙、自承重墙,仅承受自身质量;框架填充墙是指在框架结构中,填充在框架间的墙,它的质量由梁、柱承受;隔墙是指房间内部起分隔作用而不承受外力(自重除外)的墙;幕墙是指悬挂于骨架外部的轻质墙。

(四) 按墙体的构成材料分类

墙体按所用材料不同,可分为砖墙、石墙、土墙、混凝土墙及钢筋混凝土墙等。砖是我国传统的墙体材料,但由于受到材料源的限制,一些大城市已提出限制使用实心砖的规定;石块砌墙适用于产石地区;土墙便于就地取材,是造价低廉的地方性墙体;混凝土墙可现浇、预制,在多高层建筑中应用广泛。

(五) 按构造和施工方法分类

墙体根据构造和施工方式不同,有叠砌式墙、板筑墙和装配式墙之分。叠砌式墙包括实砌砖墙、空斗墙和砌块墙等,其中砌块墙是利用各种原料制成的不同形式、不同规格的中小型砌块,借手工或小型机具砌筑而成;板筑墙是施工时直接在墙体部位竖立模板,然后在模板内夯筑或浇筑材料捣实而成的墙体,如夯土墙、灰砂土筑墙以及滑模、大模板等混凝土墙体等;装配式墙是在预制厂生产墙体构件,运到施工现场进行机械安装的墙体,包括板材墙、多种组合墙和幕墙等,其机械化程度高,施工速度快,工期短,是建筑工业化发展的方向。

三、墙体承重结构方案

(一) 横墙承重

横墙承重是将楼板及屋面板等水平承重构件搁置在横墙上,横墙承受荷载,纵墙只起围护和分隔作用[图 5-2(a)]。

横墙承重的优点:横墙间距小(4 m 左右),数量多,墙体排列整齐,空间刚度大,整体性好。因纵墙为非承重墙,便于在外檐墙上灵活布置门窗。

横墙承重的缺点:开间小,房屋的使用面积小,墙体材料耗费多,只适用于宿舍、住宅等建筑。

(二) 纵墙承重

纵墙承重是将楼板及屋面板等水平承重构件均搁置在纵墙上,纵墙承受荷载,横墙只起分隔空间,连接纵墙、承担自重的作用[图 5-2(b)]。

纵墙承重的优点:横墙间距布置灵活,水平构件的规格少,便于工业化生产,横墙厚度小,可节省墙体材料。

纵墙承重的缺点:水平承重构件跨度大,单一构件的自重大,在纵墙上开门窗受到限制,室内通风不易组织。因横墙不承受垂直荷载,故抵抗水平荷载的能力差,所以房屋的整体刚度较差。适用于房间较大的建筑物,如办公楼、餐厅、商店等。

(三) 纵、横墙混合承重

在同一建筑中纵、横墙同时承重时,称为纵、横墙混合承重[图 5-2(c)]。

纵、横墙混合承重的优点是平面布置灵活,房屋刚度也较好;缺点是水平承重构件类型多,施工复杂,墙体结构面积大,房屋平面系数较小,墙体耗材也较多。适用于开间、进深较大,房间类型多,平面复杂的建筑,如教学楼、医院、点式住宅等。

(四) 墙与柱混合承重

当房屋内部采用柱、梁组成的内框架时,梁的一端搁置在墙上,另一端搁置在柱上,由墙和柱共同承受水平承重构件传来的荷载,称为墙与柱混合承重[图 5-2(d)]。

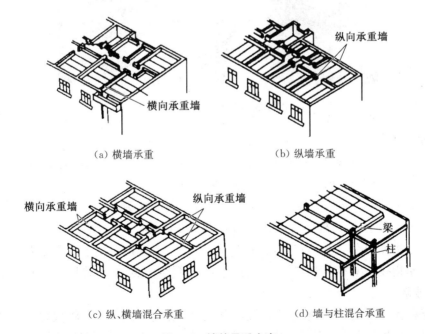

(a) 横墙承重   (b) 纵墙承重

(c) 纵、横墙混合承重   (d) 墙与柱混合承重

图 5-2 墙的承重方案

墙与柱混合承重的优点:房屋内部空间大,不受墙体布置的限制;外墙有良好的热工性能,在造价上比全框架要经济。它的缺点是内部的框架与外围的墙体刚度不同,在水平荷载作用下,变形量不同,振幅也不同,不利于抗震。适用于需要有较大空间的建筑,如食堂、大型商店、仓库等。

第二节 砖墙的构造

一、砖墙的构造

砖墙取材容易,制造简单,既能承重又具备常规情况下的保温、隔热、隔声、防火性能,是常用的主要墙体形式之一。

砖墙可分为实体墙、空体墙和复合墙三种。实体墙由普通黏土砖或其他实心砖砌筑而成;空体墙由实心砖砌成中空的墙体(如空斗砖墙),或由空心砖砌筑的墙体;复合墙是指由砖与其他材料组合而成的墙体。实体砖墙是目前我国广泛采用的构造形式(图5-3),是用砂浆将砖按一定规律砌筑而成的砌体,其主要材料是砖与砂浆。

图5-3 砖墙砌筑施工现场

(一)砖的种类

砖的种类很多,按材料分,有黏土砖、炉渣砖、灰砂砖等;按形状分,有实心砖、多孔砖和空心砖等。普通黏土砖根据生产方法的不同,又分为青砖和红砖。

普通实心砖的标准名称为烧结普通砖,指没有孔洞或孔洞率小于15%的砖。普通实心砖中最常见的是黏土砖,另外还有炉渣砖、烧结粉煤灰砖等。

多孔砖是指孔洞率不小于15%,孔的直径小、数量多的砖,可用于承重部位。

空心砖是指孔洞率不小于15%,孔的尺寸大、数量少的砖,空心砖只能用于非承重部位。

(二)砂浆

砂浆是砌体的黏结材料,通过它的胶结作用把块材连成整体,并将块材之间的空隙填平、密实,使上层块材所承受的荷载能逐层均匀地传至下层块材,以保证砌体的强度。

砌筑墙体的砂浆,常用的有水泥砂浆、石灰砂浆和混合砂浆三种。石灰砂浆由石灰膏、砂加水拌和而成,属气硬性材料,强度不高,多用于砌筑次要的民用建筑中地面以上的砌体;水泥砂浆由水泥、砂加水拌和而成,属水硬性材料,强度高,较适合于砌筑潮湿环境下的砌体;混合砂浆由水泥、石灰膏、砂加水拌和而成,强度较高,和易性和保水性较好,常用于砌筑地面以上的砌体。

(三) 砖墙的组砌方式

组砌方式是指砖块在砌体中的排列方式(图5-4)。砖墙组砌时要错缝搭接,砖缝砂浆须饱满、厚薄均匀。错缝长度通常不应小于 60 mm。无论在墙体表面或砌体内部都应遵守这一法则,否则就会影响砖砌体的整体性,降低强度和稳定性。

以标准砖为例,标准砖的规格为 240 mm×115 mm×53 mm(长×宽×厚),砖墙可根据砖块尺寸和数量采用不同的排列,利用砂浆形成的灰缝组合成各种不同的墙体(图5-5)。

用标准砖砌筑墙体时,常见排列方式与墙体厚度关系如图5-6所示。

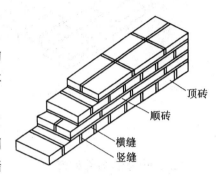

图5-4　砌体各部分的名称

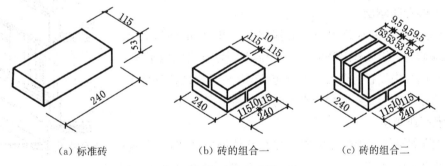

(a) 标准砖　　　(b) 砖的组合一　　　(c) 砖的组合二

图5-5　标准砖的尺寸及组合

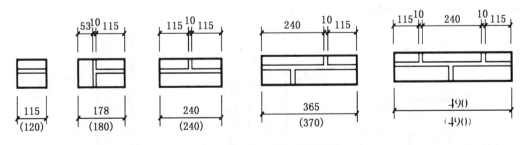

图5-6　砖排列方式与墙厚的关系

实体墙常见的组砌方式有全顺式[又称走砖式,图 5-7(a)]、每皮顶顺相间式[图 5-7(b)]、一顶一顺式[图 5-7(c)]及两平一侧式[图 5-7(d)]等。

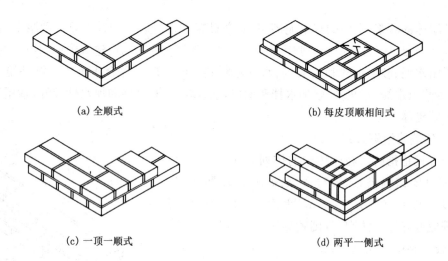

(a) 全顺式　　　　　　　　　　　　(b) 每皮顶顺相间式

(c) 一顶一顺式　　　　　　　　　　(d) 两平一侧式

图 5-7　砖墙的组砌方式

二、砖墙的细部构造

墙体的细部构造一般是指墙身上的细部做法,包括墙身防潮层、散水或明沟、勒脚、门窗过梁、窗台、圈梁、构造柱、壁柱、门垛及防火墙等(图 5-8)。

(一)墙身防潮层

为防止土壤中的水分和潮气沿基础墙上升,防止勒脚部位的地面水影响墙身,提高建筑物的坚固性和耐久性,保持室内干燥、卫生,通常在墙身中设置防潮层。墙身防潮层应在所有的内外墙中连续设置,且按构造形式不同分为水平防潮层和垂直防潮层两种。

1. 水平防潮层

水平防潮层的位置应在室内地坪与室外地坪之间,以在地面垫层中部为最理想[图 5-9(a)、(b)]。当内墙两侧地面有标高差时,防潮层应分别设在两侧地面以下 60 mm 处,并在两防潮层间墙靠土的一侧加设垂直防潮层[图 5-9(c)]。

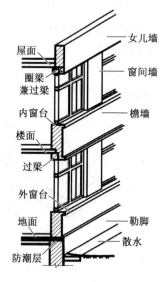

图 5-8　外檐墙构造

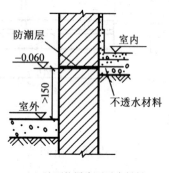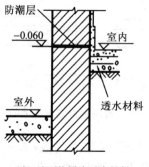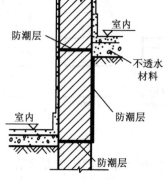

(a)地面垫层为不透水材料　　　(b)地面垫层为透水材料　　　(c)室内地面有高差

图 5-9　墙身防潮层的位置

水平防潮层的做法有以下几种：

（1）卷材防潮层

在防潮层部位先抹 20 mm 厚的砂浆找平层，然后干铺卷材一层，卷材的宽度应与墙厚一致或稍大些，卷材沿长度铺设，搭接长度大于或等于 100 mm。卷材防潮较好，但抗震能力差，一般用于非地震地区[图 5-10(a)]。

（2）防水砂浆防潮层

一种是抹一层 20 mm 厚 1：3 的水泥砂浆加 5％防水粉拌和而成的防水砂浆；另一种是用防水砂浆砌筑 3～5 皮砖形成防水砂浆防潮层[图 5-10(b)]。

（3）细石混凝土防潮层

在室内外地面之间浇筑一层厚 60 mm 的细石混凝土带，内配 3 根 $\phi 6$ 的钢筋[图 5-10(c)]。这种防潮层的抗裂性好，且能与砌体结合成一体，特别适用于对刚度要求较高的建筑。

（4）基础圈梁代替防潮层

当建筑物设有基础圈梁，且其截面高度在室内地坪以下 60 mm 附近时，可由基础圈梁代替防潮层[图 5-10(d)]。

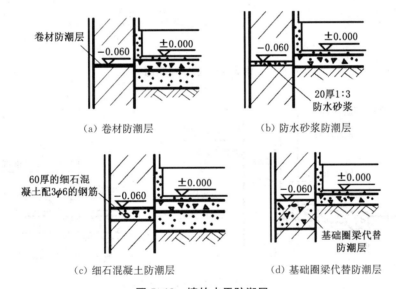

(a) 卷材防潮层　　　　　　(b) 防水砂浆防潮层

(c) 细石混凝土防潮层　　　(d) 基础圈梁代替防潮层

图 5-10　墙的水平防潮层

2. 垂直防潮层

当室内地坪出现高差或室内地坪低于室外地坪水平防潮层时，除了在相应位置设水平防潮层外，还应在两道水平防潮层之间靠土壤的垂直墙面上做垂直防潮层。

具体做法：先用水泥砂浆将墙面抹平，再涂一道冷底子油（沥青用汽油、煤油等溶解后的溶液），两道热沥青（或做一毡二油）(图 5-11)。

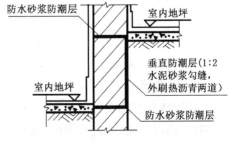

图 5-11　墙身垂直防潮层

（二）散水和明沟

为了防止室外地面水、墙面水及屋檐水对墙基的侵蚀，沿建筑物四周与室外地坪相接处宜设置散水或明沟，将建筑物附近的地面水及时排除（图5-12）。

1. 散水

散水是沿建筑物外墙四周做坡度为3%～5%的排水护坡，宽度一般不小于600 mm，并应比屋檐挑出的宽度大200 mm[图5-12(a)]。

散水有砖铺散水、块石散水、混凝土散水等。混凝土散水每隔6～12 m应设伸缩缝，与外墙之间留置沉降缝，缝内均应填充热沥青，具体做法如图5-13所示。

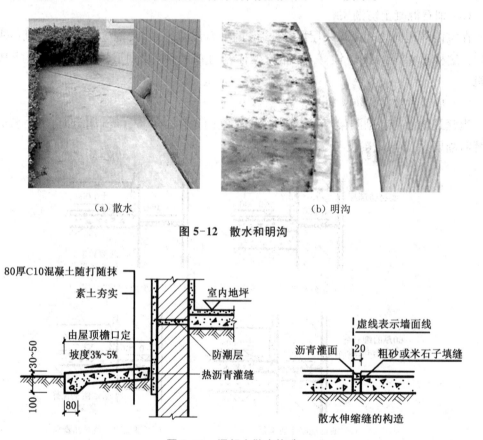

（a）散水　　　　　　　　　　　　　（b）明沟

图5-12　散水和明沟

图5-13　混凝土散水构造

2. 明沟

对于年降水量较大的地区，常在散水的外缘或直接在建筑物外墙根部设置的排水沟称明沟[图5-12(b)]。明沟通常用混凝土浇筑成宽180 mm、深150 mm的沟槽[图5-14(a)]，也可用砖、石砌筑[图5-14(b)]，沟底应有不少于1%的纵向排水坡度。

（三）勒脚

外墙墙身下部靠近室外地面的部分称为勒脚（图5-15）。勒脚具有保护外墙脚，防止机械碰撞、雨水侵蚀，美观等作用。勒脚的高度不低于500 mm，一般为室内地面与室外地面之差，也可以根据立面造型的需要增加勒脚的高度。

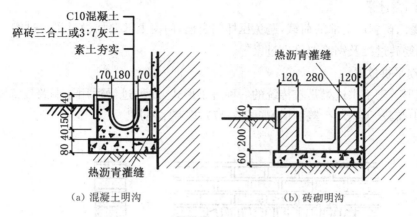

图 5-14 明沟构造

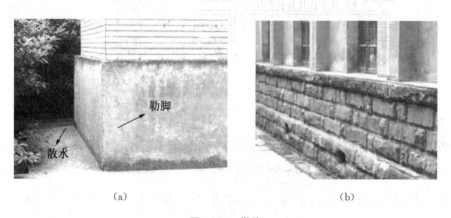

图 5-15 勒脚

勒脚的做法有以下几种:

(1) 抹灰:勒脚部位抹 20～30 mm 厚 1∶2(或 2.5)水泥砂浆或做水刷石[图 5-16(a)]。

(2) 局部墙体加厚:在勒脚部位把墙体加厚 60～120 mm,再做抹灰处理[图 5-15(a)]。

(3) 贴面:在勒脚部位镶砌面砖或天然石材[图 5-16(b)]。

(4) 天然石材砌筑[图 5-15(b)]。

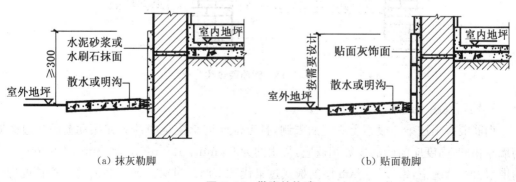

图 5-16 勒脚的构造

(四) 门窗过梁

为承受门窗洞口上部的荷载,避免压坏门窗框,门窗上部要加设过梁。过梁一般分为砖砌平拱、钢筋砖过梁及钢筋混凝土过梁等。

1. 砖砌平拱过梁

平、弧形砖砌平拱过梁是较传统的一种过梁形式,此种过梁适用于洞跨度 $L \leqslant 1.2 \text{ m}$ 且梁上无集中荷载、无振动荷载的情况(图 5-17),现基本不用。

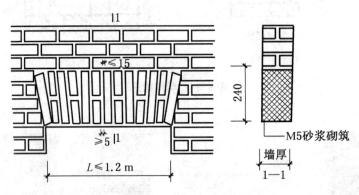

图 5-17 砖砌平拱过梁

2. 钢筋砖过梁

钢筋砖过梁多用于跨度 L 在 2 m 以内的清水墙的门窗洞孔上,且上部无集中及振动荷载。它按每砖厚墙配 2~3 根 $\phi 6$ 钢筋,并设置在第一、第二皮砖之间,也可放置在第一皮砖下的砂浆层内,为使洞孔上部分砌体与钢筋构成过梁,常在相当于 $\frac{1}{4}$ 跨度的高度范围内(一般为 5~7 皮砖)用 M5 级砂浆砌筑,材料要求同砖砌平拱过梁(图 5-18)。

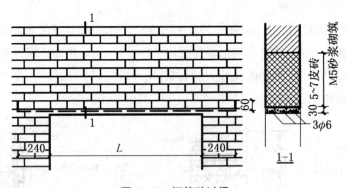

图 5-18 钢筋砖过梁

3. 钢筋混凝土过梁

钢筋混凝土过梁一般不受跨度的限制,且上部允许承受集中荷载或振动荷载。过梁宽与墙厚相同,高度应与砖的皮数相适应,常用的为 60 mm,120 mm,180 mm,240 mm。在跨度不大的情况下,常以 60 mm 厚的板式过梁代替钢筋砖过梁。伸入墙内的搁置长度应不小于 250 mm[图 5-19(a)]。钢筋混凝土过梁的截面形状有矩形[图 5-19(b)]、L 形[图 5-19(c)]。当预制钢筋混凝土过梁尺寸过大时，为便于搬运和安装，可以分成较小的构件，并排组合使用[图 5-19(d)]。

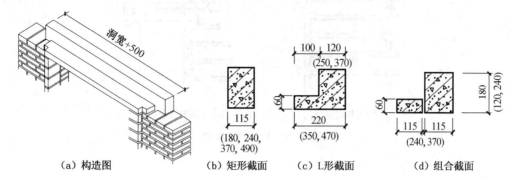

（a）构造图　　（b）矩形截面　　（c）L形截面　　（d）组合截面

图 5-19　钢筋混凝土过梁

（五）窗台

窗台是窗洞口下部的构造，用来排走窗外侧流下的雨水和内侧的冷凝水，并有一定的装饰作用。位于室外的称为外窗台，位于室内的称为内窗台。当墙很薄，窗框沿墙内缘安装时，可不设内窗台。

1. 外窗台

外窗台面一般应低于内窗台面，形成 5% 的外倾坡度以利于排水，防止雨水流入室内。外窗台的构造有悬挑窗台和不悬挑窗台两种。

悬挑窗台常用砖平砌或侧砌挑出 60 mm[图 5-20(a)、(b)]，窗台表面的坡度可由斜砌的砖形成或用 1∶2.5 水泥砂浆抹出，并在挑砖下边缘的前端抹出滴水槽或滴水线。混凝土悬挑窗台一般是现场浇筑而成的[图 5-20(c)]。如外墙饰面为瓷砖、陶瓷锦砖等易于冲洗的材料，可不做悬挑窗台，窗下墙的脏污可借窗上墙流下的雨水冲洗干净[图 5-20(d)]。

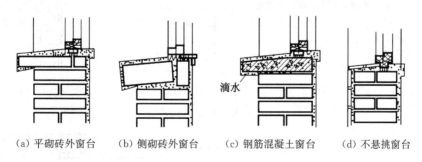

（a）平砌砖外窗台　（b）侧砌砖外窗台　（c）钢筋混凝土窗台　（d）不悬挑窗台

图 5-20　外窗台的构造

2. 内窗台

内窗台可直接抹 1∶2 水泥砂浆形成面层[图 5-21(a)]。北方地区墙体厚度较大时，常在内窗台下留置暖气槽，这时内窗台可采用预制水磨石或木窗台板[图 5-21(b)]。

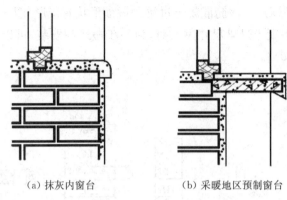

(a) 抹灰内窗台　　　　　　　(b) 采暖地区预制窗台

图 5-21　内窗台的构造

(六) 圈梁和构造柱

1. 圈梁

圈梁是沿建筑物外墙、内纵墙及部分横墙设置的连续封闭的梁。其作用是加强建筑物的整体性和刚度,防止由于基础不均匀沉降、振动荷载等引起墙体开裂,以提高建筑物的抗震能力。

圈梁有钢筋砖圈梁[图 5-22(a)]和钢筋混凝土圈梁[图 5-22(b),(c)]两种。圈梁的数量与建筑物的高度、层数、地基状况和地震烈度有关;圈梁设置的位置与其数量也有一定关系,当只设一道圈梁时,应通过屋盖处。增设时,应通过相应的楼盖处或门洞口上方。

圈梁一般位于屋(楼)盖结构层的同一水平位置或在其下面,对于空间较大的房间和地震烈度 8 度以上地区的建筑,须将外墙圈梁外侧加高,以防楼板水平位移。当门窗过梁与屋盖、楼盖靠近时,圈梁可通过洞口顶部兼作过梁。

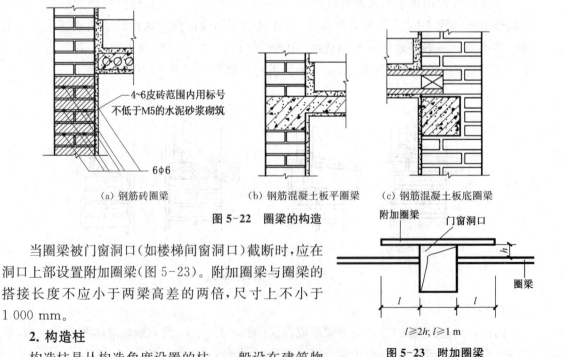

—4~6皮砖范围内用标号不低于M5的水泥砂浆砌筑

6φ6

(a) 钢筋砖圈梁　　　　　(b) 钢筋混凝土板平圈梁　　　(c) 钢筋混凝土板底圈梁

图 5-22　圈梁的构造

当圈梁被门窗洞口(如楼梯间窗洞口)截断时,应在洞口上部设置附加圈梁(图 5-23)。附加圈梁与圈梁的搭接长度不应小于两梁高差的两倍,尺寸上不小于 1 000 mm。

附加圈梁

门窗洞口

圈梁

$l \geqslant 2h; l \geqslant 1$ m

图 5-23　附加圈梁

2. 构造柱

构造柱是从构造角度设置的柱。一般设在建筑物的四角、外墙交接处、楼梯间及电梯间的四角以及某些较长墙体的中部,作用是从竖向加强层间墙体的连接,与圈梁一起构成空间骨架(图5-24)。加强建筑物的整体性和刚度,提升墙体抗变形的能力。

　　构造柱的截面不宜小于240 mm×180 mm,常用240 mm×240 mm。纵向钢筋宜采用4Φ12 mm,箍筋间距不宜大于250 mm,并在柱的上下端适当加密。构造柱应先砌墙后浇柱,墙与柱的连接处

图5-24　圈梁与构造柱

宜留出五进五出(进出60 mm)的大马牙槎,沿墙高每隔500 mm设2Φ6 mm的拉结钢筋[图5-25(a)],每边伸入墙内不宜少于1 000 mm[图5-25(b)]。

　　构造柱可不单独做基础,下端可伸入室外地面下500 mm或锚入浅于500 mm的地圈梁内。

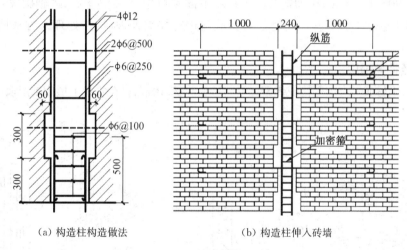

(a)构造柱构造做法　　　　(b)构造柱伸入砖墙

图5-25　构造柱的构造

第三节　隔墙与隔断的构造

　　隔墙与隔断是用来分隔建筑空间,具有一定功能或装饰作用的非承重构件。主要的区别:隔墙比较固定,一般都是到顶的,对空间起到一定的限定作用,满足隔声、遮挡视线等要求;隔断一般不到顶,具有一定的空透性,使分隔的空间有一定的视觉交流,限定性不强,容易移动或拆装。

一、隔墙

(一)砌筑(块材)隔墙
砌筑隔墙是指利用普通砖、多孔砖、空心砌块以及各种轻质砌块等砌筑的墙体。

1. 普通砖砌隔墙

普通砖隔墙有半砖隔墙和1/4隔墙之分。砖隔墙的上部与楼板或梁的交接处不宜过于填实或使砖砌体直接顶住楼板或梁,应留有约30 mm的空隙或将上两皮砖斜砌,以预防楼板结构产生挠度,压坏隔墙。

(1) 半砖墙:当采用M2.5级砂浆砌筑时,其高度不宜超过3.6 m,长度不宜超过5 m;当采用M5级砂浆砌筑时,高度不宜超过4 m,长度不宜超过6 m。否则在构造上除砌筑时应与承重墙或柱固结外,还应在墙身每隔1.2 m高度处,加2Φ6拉结钢筋予以加固。

(2) 1/4砖隔墙:利用标准砖侧砌,其高度一般不应超过2.8 m,长度不超过3.0 m,须用M5级砂浆砌筑,多用于住宅厨房与卫生间之间的分隔。

2. 多孔砖、空心砖及砌块隔墙

多孔砖或空心砖作隔墙多采用立砌。砌块隔墙常采用粉煤灰硅酸盐、加气混凝土、水泥煤渣等制成的实心或空心砌块砌筑而成,墙体稳定性较差,通常沿墙身横向配以钢筋。

目前常采用加气混凝土砌块、粉煤灰硅酸盐砌块以及水泥炉渣空心砖等砌筑隔墙。其墙厚一般为90~120 mm,在砌筑时应先在墙下部实砌3~5皮黏土砖,再砌砌块。砌块不够整块时宜用普通黏土砖填补。同时要对其墙身进行加固处理,构造处理的方法同普通砖隔墙(图5-26)。

(二) 轻骨架隔墙

以木材、钢材或铝合金等构成骨架,面层粘贴、涂抹、镶嵌、钉在骨架上形成的隔墙(图5-27)。

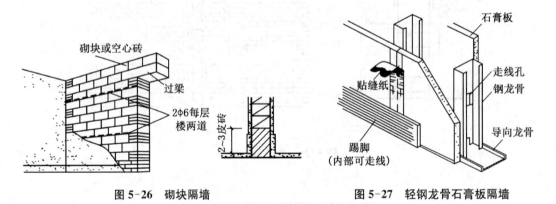

图5-26 砌块隔墙   图5-27 轻钢龙骨石膏板隔墙

这种隔墙的骨架由上槛、下槛、立筋与横撑组成,面板可用纤维板、胶合板、石膏板等各类轻质人造板材。

板材与骨架的连接构造有两种:一是钉在骨架的一面或两面,用压条盖住板缝;二是将板材镶嵌到骨架中间,四周用压条固定。

(三) 板材式隔墙

板材式隔墙是采用生产加工好的板材制品,用黏结材料拼合固定形成的隔墙(图5-28)。

常见的板材有加气混凝土条板、石膏条板、碳化石灰板等各种复合板。安装时,板下留20~30 mm缝隙,用小木楔顶紧,板下缝隙用细石混凝土堵严。板材安装完毕后,用胶泥刮平板缝后做饰面。

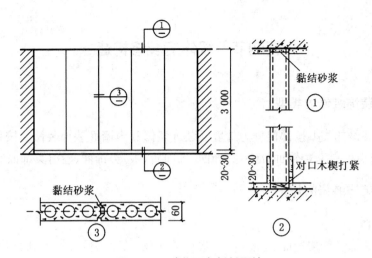

图 5-28 碳化石灰板材隔墙

二、隔断

隔断指分隔室内空间的装饰构件,是专门作为分隔室内空间的立面既起到了分割空间的作用,又不像整面墙体那样把空间完全隔开。在建筑设计中属于虚实结合的处理方式。在住宅、办公室、展览馆、餐厅的装修中有很大的创作空间。

现代建筑隔断的类型很多,按隔断的固定方式可分为:固定式隔断和活动式隔断[图5-29(a)];按隔断的开启方式可分为:推拉式隔断、折叠式隔断、直滑式隔断等;按隔断的材料可分为:木隔断、竹隔断、玻璃隔断、金属隔断等。此外,还有硬质隔断、软质隔断、家具式隔断、屏风式隔断[图 5-29(b)]等。

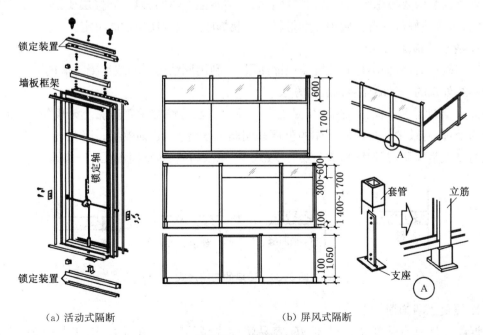

(a) 活动式隔断　　　　　　　　(b) 屏风式隔断

图 5-29 常用隔断

第四节　墙体的装修构造

一、墙体装饰装修的类型

墙体装饰装修的类型按部位分为外墙面装饰装修和内墙面装饰装修。按材料及施工工艺分为清水墙饰面、抹灰类饰面、涂料类饰面、饰面砖（板）类饰面、卷材类饰面等。

二、墙面装饰装修的作用

1. 保护墙体

外墙面的装饰装修构造能避免墙体风吹日晒、雨水及冰雪侵袭等不利影响，内墙面的装饰装修构造能避免人们在使用建筑时水、污染物及机械碰撞等危害，延长墙体的使用寿命。

2. 改善墙的性能

外墙面可以通过加保温层增加墙体的厚度，提高墙体的保温能力。内墙面经过装修变得平整光洁，加强光线的反射，提高室内照度。内墙若采用吸声材料装修，还可以起到隔声和改善室内音质的效果。

3. 美化建筑环境

墙面装饰装修是建筑空间艺术处理的重要方式，墙面的色彩、质感、线脚和纹样等都在一定程度上改善建筑的内外形象和气氛，展现建筑的独特艺术个性。

三、墙面装修的构造

外墙面装修要考虑风、雨、雪的侵蚀和大气中腐蚀气体的影响，装修层要采用强度高、抗冻性强、耐水性好和具有抗腐蚀性的材料。内装修层由室内使用功能决定。

1. 清水墙饰面

墙体砌成后，墙面不加其他覆盖性饰面层，只利用原结构砖墙或混凝土墙的表面进行勾缝或模纹处理的一种墙体装饰装修方法。

清水墙饰面主要有清水砖墙和混凝土墙面。清水砖墙常用普通黏土砖砌筑，并通过对灰缝的处理，有效地调整墙面整体的色调和明暗程度，起到装饰效果。因此，清水砖墙构造处理的重点是勾缝，其勾缝形式主要有平缝、平凹缝、斜缝、弧形缝等（图 5-30）。

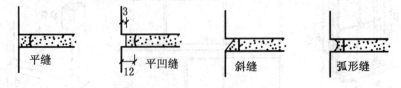

图 5-30　砖墙的勾缝形式

2. 混凝土墙饰面

混凝土墙具有强度高、耐久性好、容易塑性成型等特点，在配合比、工艺合理、模板质量符合要求的情况下,可以做到墙面平整,不须抹灰找平,也不须饰面保护。也可利用混凝土的塑性变形及材料构成特点,在墙体构件成型时采取措施,使其表面具有装饰性的线型、不同的质感,并尽可能地改善其色彩效果,从而满足立面装饰要求,形成混凝土饰面。

3. 一般抹灰饰面

一般抹灰饰面是指用石灰砂浆、混合砂浆、聚合物水泥砂浆、麻刀灰、纸筋灰、石膏浆等对建筑物的面层抹灰。

为保证抹灰牢固、平整、颜色均匀和面层不开裂、脱落,施工时应分层操作,每层不宜抹得太厚。分层构造一般分为底层、中层和面层(图 5-31)。

4. 装饰抹灰饰面

装饰抹灰是在一般抹灰的基础上对抹灰表面进行装饰性加工,在使用工具

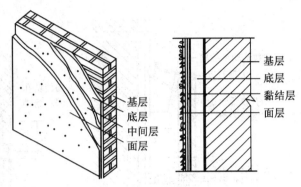

图 5-31 外墙面抹灰的分层构造

和操作方法上与一般抹灰有一定的差别,比一般抹灰工程有更高的质量要求。常用的一般抹灰和装饰抹灰名称、做法及适用范围可查相应施工工艺标准。

5. 饰面板(砖)类饰面

利用各种天然或人造板、块,通过绑、挂或直接粘贴于基层表面的装饰装修做法。主要有粘贴和挂贴两种做法。

(1)粘贴构造

粘贴做法分为水泥砂浆粘贴和建筑胶粘贴。

水泥砂浆粘贴构造一般分为底层、黏结层和块材面层三个层次[图 5-32(a)]。

建筑胶粘贴的构造做法:将胶凝剂涂在板背面的相应位置,然后将带胶的板材经就位、挤紧、找平、校正、扶直、固定等工序,粘贴在清理好的基层上[图 5-32(b)]。

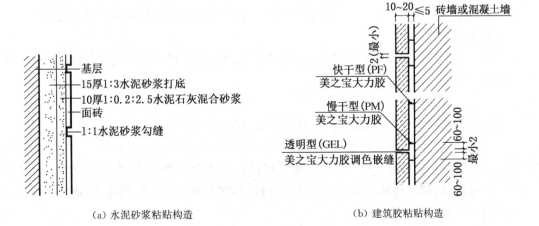

(a) 水泥砂浆粘贴构造　　　　　(b) 建筑胶粘贴构造

图 5-32 饰面板(砖)粘贴构造做法

（2）挂贴构造

饰面板挂贴的基本做法:在墙体或结构主体上先固定龙骨骨架,形成饰面板的结构层,用粘贴、紧固件连接、嵌条定位等方式,将饰面板安装在骨架上。石材类饰面板主要有湿挂法[图 5-33(a)]和干挂法[图 5-33(b)]两种。

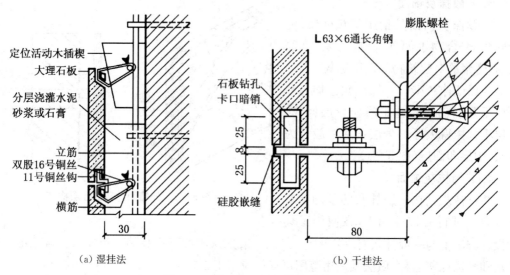

（a）湿挂法　　　　　　　　　　　　（b）干挂法

图 5-33　饰面板(砖)挂贴构造做法

6. 涂料类墙面

涂料类墙面是利用各种涂料敷于基层表面而形成整体牢固的涂膜层的一种装修做法。优点是造价低、装饰性好、工期短、工效高、自重轻,操作简单、维修方便、更新快。涂料的施涂方法有刷涂、滚涂、喷涂和弹涂。

7. 卷材类饰面

卷材类饰面是将各种装饰的墙纸、墙布通过裱糊、软包等方法形成的内墙面饰面的做法。优点是装饰性强、造价低、施工方法简捷高效、材料更换方便,并可在曲面和墙面转折处粘贴,能获得连续的饰面效果。

常用的装饰材料有 PVC 塑料壁纸、纺织物面墙纸、金属面墙纸、玻璃纤维墙布等。

8. 幕墙构造

幕墙是由金属构件与各种板材组成的悬挂在建筑主体结构上的轻质外围护墙。它除承受自重和风力外,一般不承受其他荷载。

（1）幕墙的分类

幕墙按饰面材料分有玻璃幕墙、金属板幕墙和石板幕墙等。

玻璃幕墙主要由骨架及各种玻璃组成。骨架由构成骨架的各种型材连接与固定的各种连接件、紧固件组成(图 5-34)。玻璃是脆性材料且幕墙的面积较大,为了避免因温度变形使玻璃幕墙破裂,密封材料应采用弹性密封材料,不宜采用传统的玻璃腻子,并且在玻璃的周边留有一定的间隙(图 5-35)。

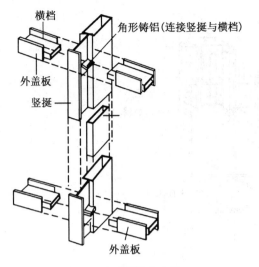

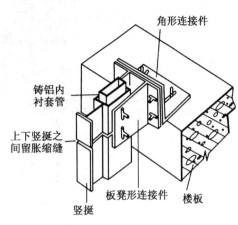

（a）竖挺与横档的连接　　　　　　　　　　（b）竖挺与楼板的连接

图 5-34　幕墙铝框连接构造

　　金属板幕墙的金属板既是建筑物的围护构件，也是墙体的装饰面层。多用于建筑物的入口处、柱面、外墙勒脚等部位。用作幕墙的金属板有铝合金、不锈钢、彩色钢板、铜板、铝塑板等薄板。

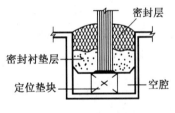

图 5-35　玻璃的安装

　　石板幕墙主要采用天然花岗石做幕墙板，骨架多为型钢骨架，骨架的分格不宜过大，一般不超过 900 mm×1 200 mm。石板厚度一般为 30 mm。

　　石板与金属骨架的连接多采用金属连接件钩或挂接。花岗石色彩丰富、质地均匀、强度高且抗大气污染性能强，多用于高层建筑的石板幕墙。

　　（2）幕墙结构类型

　　常见的幕墙结构类型有型钢框架体系、铝合金型材框架体系［图 5-36（a）］、不露骨架结构体系［图 5-36（b）］、无骨架的玻璃幕墙体系［图 5-36（c）］。

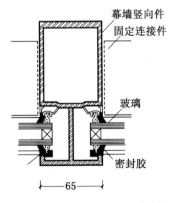

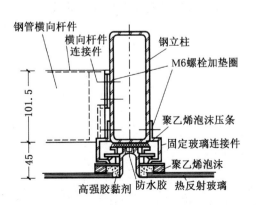

（a）铝合金型材框架体系玻璃幕墙构造　　　　　（b）不露骨架玻璃幕墙构造

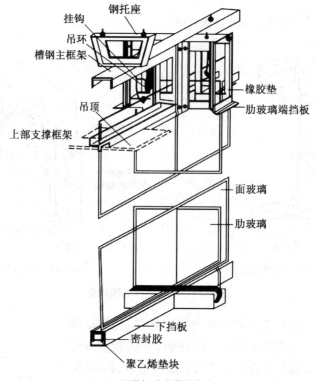

挂钩
钢托座
吊环
槽钢主框架
吊顶
橡胶垫
肋玻璃端挡板
上部支撑框架
面玻璃
肋玻璃
下挡板
密封胶
聚乙烯垫块

(c) 无骨架玻璃幕墙构造

图 5-36　常见的幕墙结构类型

【课后思考题】

1. 观察教室和宿舍的墙体，试着说出它们的名称。

2. 砖墙的砌筑要求是什么？

3. 墙身防潮层的作用是什么？水平防潮层的做法有哪些？什么时候设垂直防潮层？

4. 试述圈梁和构造柱的作用、设置位置及构造要点？

5. 隔墙和隔断有什么区别？各有哪些类型？

6. 墙面装修的作用是什么？常见的装修做法有哪些？

第六章 楼 地 层

通过本章的学习,掌握钢筋混凝土楼板的构造原理和结构布置特点;熟悉各种地面及顶棚的构造做法;了解阳台和雨篷的构造原理和做法。

1. 熟悉楼板层的基本构成与分类。
2. 掌握钢筋混凝土楼板类型。
3. 熟悉楼地面的防潮、防水和隔声构造。
4. 了解雨篷与阳台构造。

1. 熟练掌握钢筋混凝土楼板的特点、分类、规格、适用条件和细部构造。
2. 熟悉楼板层的防潮及防水的一般构造做法。
3. 了解雨篷和阳台的构造知识及常见做法。

第一节 楼地层的组成及类型

楼地层包括楼板层和地坪层,是水平方向分隔房屋空间的承重构件。楼板层分隔上下楼层空间,地坪层分隔土地与建筑底层空间。由于它们所处位置不同、受力不同,其结构层也有所不同。楼板层的结构层(图6-1)为楼板,楼板将所承受的上部荷载及自重传递给墙

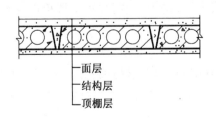
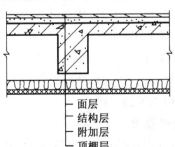

图 6-1 楼板的结构层

087

或柱,并由墙、柱传给基础,楼板层有隔声等功能要求;地坪层的结构层(图 6-2)为垫层,垫层将所承受的荷载及自重均匀地传给夯实的地基。

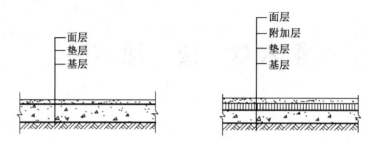

图 6-2　地坪的结构层

为了满足使用要求,楼板层通常由面层、楼板和顶棚层三部分组成。

(1)面层:楼板层和地坪层的面层部分,楼板层的面层称楼面,地层的面层称地面。有保护楼板、承受荷载并传递荷载的作用,同时对室内有很重要的清洁及装饰作用。

(2)楼板:又称结构层,一般包括梁和板。它是楼板层的承重构件,承受楼板层上的全部荷载,并将其传给墙或柱,同时对墙体起水平支撑的作用,增强建筑物的整体刚度和墙体的稳定性。

(3)顶棚层:是楼板层下表面的面层,也是室内空间的顶界面,其主要功能是保护楼板、装饰室内、敷设管线及改善楼板在功能上的某些不足。

现代多层建筑中,楼板层往往还需防水、隔声、保温等各种功能的附加层。

地坪层通常由垫层、基层和附加层组成。

(1)垫层:是地坪层的承重层。它必须有足够的强度和刚度,以承受面层的荷载并将其均匀地传给垫层下面的土层。

(2)基层:垫层下面的支承土层。它也必须有足够的强度和刚度,以承受垫层传下来的荷载。

(3)附加层:在楼地层中起隔声、保温、找坡和暗敷管线等作用的构造层。

第二节　楼 板 构 造

一、楼板的类型

根据所用材料的不同,楼板可分为木楼板、砖拱楼板、钢筋混凝土楼板以及钢衬板楼板等多种形式(图 6-3)。

(一)木楼板

木楼板具有自重轻、构造简单等优点,但其耐火和耐久性均较差。为节约木材,除产木地区外现已极少采用木楼板。

(二)砖拱楼板

砖拱楼板可节约钢材、水泥和木材,曾在缺乏钢材、水泥的地区采用过。它自重大、承载能力差且对抗震不利,加上施工复杂,现已基本不用。

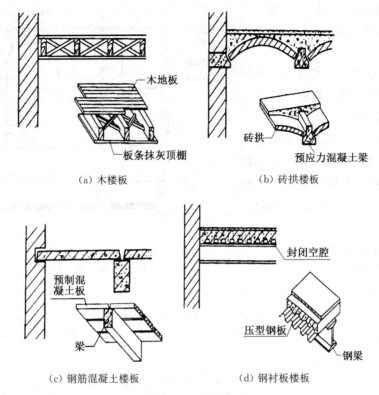

(a) 木楼板

(b) 砖拱楼板

(c) 钢筋混凝土楼板

(d) 钢衬板楼板

图 6-3 楼板的类型

(三) 钢筋混凝土楼板

钢筋混凝土楼板具有强度高、刚度好、耐久、防火、良好的可塑性且便于工业化生产和机械化施工等特点,是目前我国工业与民用建筑中楼板的基本形式,其应用最广。

(四) 钢衬板楼板

近年来,由于压型钢板在建筑上的应用,出现了以压型钢板为底模的钢衬板楼板。施工中,压型钢板既起模板作用,又起结构作用,减少梁数量和减轻楼板自重,施工速度快,在高层中应用广泛。

二、钢筋混凝土楼板构造

钢筋混凝土楼板按施工方式的不同可分为现浇式、预制装配式和装配整体式三种类型。

(一) 现浇式钢筋混凝土楼板

现浇钢筋混凝土楼板是指在现场支模、绑扎钢筋、浇捣混凝土,经养护而成的楼板。优点是成型自由、整体性和防水性好,但模板用量大,工期长,工人劳动强度大,且受施工季节的影响较大。

现浇钢筋混凝土楼板根据受力和传力情况分为板式楼板、梁板式楼板、井式楼板、无梁楼板等,压型钢板组合楼板也是现浇钢筋混凝土楼板的一种。

1. 板式楼板

将楼板现浇成一块平板,四周直接支撑在墙上,这种楼板称为板式楼板,它多用于跨度较小的房间或走廊,如居住建筑中的厨房、卫生间以及公共建筑的走廊等。

板式楼板依其受力特点和支承情况有单向板、双向板。当板的长边尺寸 l 与短边尺寸 $l_1(l_2)$ 之比 $l/l_1 > 2$ 时,在荷载作用下,楼板基本上只在 l_1 方向上挠曲变形,而在 l 方向上的挠曲很小,这表明荷载基本沿 l_1 方向传递,称为单向板。当 $l/l_2 \leq 2$ 时,楼板在两个方面都挠曲,即荷载沿两个方向传递,称为双向板(图 6-4)。

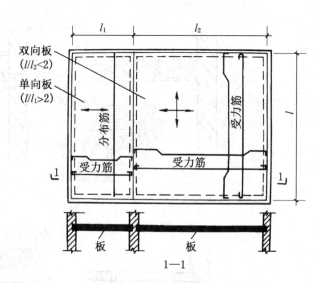

图 6-4 单向板、双向板示意图

2. 梁板式楼板

由板和梁组成的楼板。当房间尺寸较大时,为了避免楼板跨度过长,在楼板下设梁来增加板的支点,减小板跨。根据梁的布置情况,可分为单梁式楼板和双梁式楼板两种。所有的板、梁都是在支模后整体浇筑而成。

(1)单梁式楼板

当房间有一个方向的平面尺寸相对较小时,只沿房间短边设梁,梁直接搁置在墙上,这种梁板式楼板是单梁式楼板(图 6-5)。

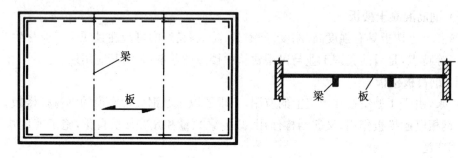

图 6-5 单梁式楼板

(2)双梁式楼板

当房间两个方向的尺寸都较大时,在纵横两个方向都设置梁,称为双梁式(复梁式)楼板,分为主梁和次梁。主梁和次梁的布置应整齐有规律,并考虑建筑物的使用要求、房间的大小形状以及荷载作用情况等。一般主梁沿房间短跨方向布置,次梁则垂直于主梁布置(图 6-6)。

梁的布置除考虑承重要求外,还要考虑经济合理性。一般主梁的经济跨度为 5~8 m,高度为跨度的 1/14~1/8,宽度为高度的 1/3~1/2。主梁的间距即为次梁的跨度,其一般为 4~6 m,次梁的高度为跨度的 1/18~1/12,宽度为高度的 1/3~1/2。次梁的间距即为板的跨度,其一般为 1.7~2.7 m,板的厚度一般为 60~80 mm。

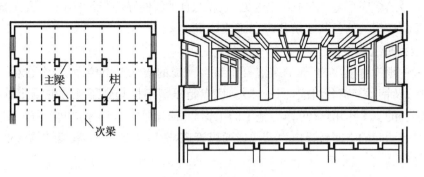

图 6-6　双梁式楼板

3. 井式楼板

当房间的形状近似方形，跨度在 10 m 左右时，常沿两个方向交叉布置等距离、等截面梁，形成井式楼板。井式楼板是梁板式楼板的一种特殊形式，其特点是不分主梁、次梁，梁双向布置、断面等高且同位相交，梁之间形成井字格（图 6-7）。

这种楼板外形规则、美观，而且梁的截面尺寸较小，提高了房间的净高，适用于建筑平面为方形或近似方形的大厅。

为了保证墙体对楼板、梁的支承强度，使楼板、梁能够可靠地传递荷载，楼板

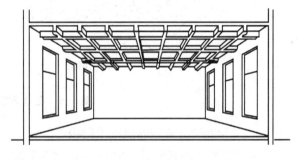

图 6-7　井式楼板

和梁必须有足够的搁置长度。楼板在砖墙上的搁置长度一般不小于板厚且不小于 110 mm，梁在砖墙上的搁置长度与梁高有关，当梁高不超过 500 mm 时，搁置长度不小于 180 mm；当梁高超过 500 mm 时，搁置长度不小于 240 mm。

4. 无梁楼板

将板直接支承在柱上，不设梁的楼板称为无梁楼板，分为有柱帽和无柱帽两种（图 6-8）。当楼面荷载较小时，可采用无柱帽式的无梁楼板；当荷载较大时，为增加柱对板的支托面积并减小板跨，一般在柱顶加设柱帽或托板。

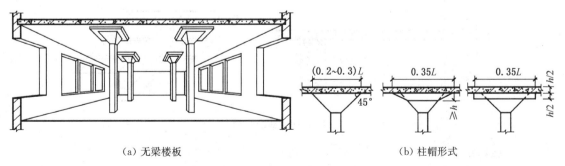

（a）无梁楼板　　　　　　　　　　　（b）柱帽形式

图 6-8　带柱帽的无梁楼板

无梁楼板的板底平整,室内净空高度大,采光通风条件好,便于采用工业化的施工方式,适用于楼面荷载较大的公共建筑和多层工业厂房。

5.压型钢板组合楼板

以压型钢板为衬板,在上部浇筑混凝土组合而成的楼板。由楼面层、组合板(现浇混凝土与钢衬板)及钢梁等部分组成(图 6-9)。优点是压型钢板起到了现浇混凝土的永久性模板和受拉钢筋的双重作用,又可作为施工的工作面,简化了施工程序,加快了施工进度,还可利用压型钢板肋间的空间敷设电力管线或通风管道,适用于多、高层框架结构或框剪结构的建筑中。

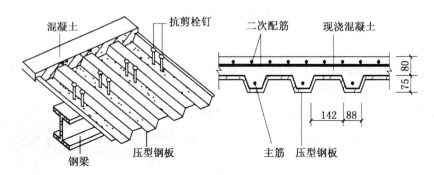

图 6-9 压型钢板组合楼板

(二)预制装配式钢筋混凝土楼板

预制装配式钢筋混凝土楼板,是把楼板分成若干构件,在预制加工厂或施工现场外预先制作,然后运到施工现场进行安装的钢筋混凝土楼板。这样可节省模板、缩短工期,但整体性较差,一些抗震要求较高的地区不宜采用,近年来在实际工程中用量逐渐减少。

根据截面形式不同可分为三种:实心平板、槽形板和空心板。

1.实心平板

实心平板板面平整制作简单,一般用作走廊或小开间房屋的楼板,也可作架空搁板、管沟盖板等。实心平板的板跨一般不超过 2.4 m,板宽约为 600～1 000 mm,板厚为 60～100 mm(图 6-10)。

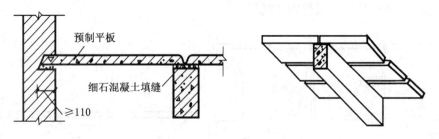

图 6-10 实心平板

2.槽形板

槽形板是一种梁板结合的构件,即在实心板的两侧设有纵肋,构成槽形断面(图 6-11)。荷载主要由板侧的纵肋承受,板可做得较薄。当板跨较大时,应在板纵肋之间增设横肋加强其刚度。为了便于搁置,常将板两端用端肋封闭。

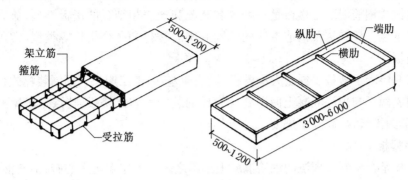

图 6-11 槽形板

槽形板的板跨度为 3~6 m,板宽为 500~1 200 mm,板厚为 25~30 mm,肋高为 150~300 mm。

槽形板的搁置有正置与倒置两种。正置板底不平,多作吊顶;倒置板底平整,可利用其肋间空隙填充保温或隔声材料(图 6-12)。

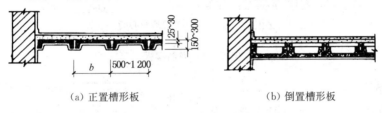

(a) 正置槽形板　　　　　　　　(b) 倒置槽形板

图 6-12 槽形板的剖面

3. 空心板

空心板的受力特点(传力途径)与槽形板类似,荷载主要由板纵肋承受,但由于其传力更合理,自重小,且上下板面平整,因而应用广泛。

空心板按其抽孔方式的不同,有方孔板、椭圆孔板、圆孔板之分(图 6-13)。方孔板较经济,但脱模困难,现已不用;圆孔板抽芯脱模容易,目前使用较为普遍。

空心板可分为预应力和非预应力两种。采用预应力构件,可推迟裂缝的出现和限制裂缝的展开,从而提高构件的抗裂度和刚度。预应力与非预应力构件相比较,可节省钢材约 30%~50%,可节省混凝土 10%~30%,减轻自重,降低造价。

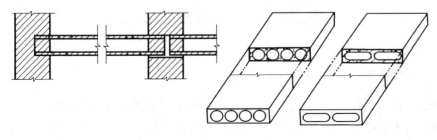

图 6-13 空心板

（三）装配整体式钢筋混凝土楼板

装配整体式钢筋混凝土楼板是一种预制装配和现浇相结合的楼板类型,兼有现浇与预制的双重优越性。按结构及构造方法的不同有密肋楼板和叠合楼板等类型,常用的是预制薄板叠合楼板。

现浇钢筋混凝土楼板要耗费大量模板,经济性差,施工工期长。预制装配式楼板整体性差。采用预制薄板与现浇混凝土面层叠合而成的装配整体式楼板,特点是房屋的刚度和整体性较好,节约模板,提高施工进度。

1. 密肋楼板

密肋楼板是在预制或现浇的钢筋混凝土小梁之间先填充陶土空心砖、加气混凝土块、粉煤灰块等块材,然后整浇混凝土而成(图 6-14)。这种楼板构件数量多,施工复杂,在工程中应用较少。

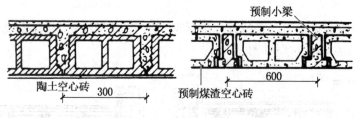

图 6-14 密肋楼板

2. 叠合楼板

叠合楼板是以预制钢筋混凝土薄板为永久模板并承受施工荷载,上面整浇混凝土叠合层所形成的一种整体楼板(图6-15)。板中混凝土叠合层强度为 C20 级,厚度一般为 100～120 mm。这种楼板具有良好的整体性,板中预制薄板具有结构、模板、装修等多种功能,施工简便,适用于住宅、宾馆、教学楼、办公楼、医院等建筑。

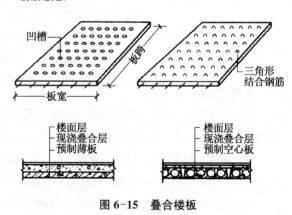

图 6-15 叠合楼板

第三节　地坪层与楼地面构造

一、地坪层的构造

地坪层是指建筑物底层与土壤直接相接或接近土壤的那部分水平构件。地坪层位置特殊,其防潮、防水和保温在构造方面有特殊要求。地坪层按其与土壤之间的关系分为实铺地坪和空铺地坪。

（一）实铺地坪

实铺地坪层由面层、垫层、基层三个基本层组成（图6-16）。

1. 面层

表面层，直接接受各种物理和化学作用，应满足坚固、耐磨、平整、光洁、不起尘、易于清洗、防水、防火、有一定弹性等使用要求。地坪层一般以面层所用的材料来进行命名。

2. 垫层

垫层是地坪层中起承重作用主要构造层，位于基层和面层之间。其作用是满足面层铺设所要求的刚度和平整度，分为刚性垫层和非刚性垫层。

刚性垫层一般采用强度等级为 C10 的混凝土，厚度为 60～100 mm，适用于整体面层和小块料面层的地坪中。如水磨石、水泥砂浆、陶瓷锦砖、缸砖等地面。

非刚性垫层一般采用砂、碎石、三合土等散粒状材料夯实而成，厚度为 60～120 mm，用于面层材料为强度高、厚度大的大块料面层地坪中，如预制混凝土地面等。

3. 基层

基层是位于最下面的承重土壤。当地坪上部的荷载较小时，一般采用素土夯实；当地坪上部的荷载较大时，则需对基层进行加固处理，如灰土夯实等。

4. 附加层

地坪层为了满足更多使用功能上的要求，可加设相应的附加层，如防水层、防潮层、隔声层、隔热层、管道敷设层等，这些附加层一般位于面层和垫层之间。

实铺地坪构造简单，坚固、耐久，在建筑工程中应用广泛。

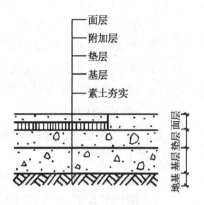

图 6-16　实铺地坪层构造

（二）空铺地坪

当房间要求地面能严格防潮或有较好的弹性时，可采用空铺地坪的做法，即在夯实的地垄墙上铺设预制钢筋混凝土板或木板层（图6-17）。采用空铺地坪时，应在外墙勒脚部位及地垄墙上设置通风口，以便空气对流。

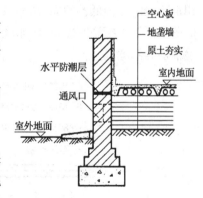

图 6-17　空铺地坪层构造

二、地面的构造

地面是室内重要的装修层，起到保护楼层、地层结构，改善房间使用质量和美观的作用。

（一）地面的设计要求

地面与人、家具、设备等直接接触，承受荷载并经常受到磨损、撞击和洗刷，应满足下列要求：

（1）具有足够的坚固性，在外力作用下不易破坏和磨损。

（2）表面平整、光洁、不起尘，易于清洁。

（3）有良好的热工性能，保证寒冷季节脚部舒适。

（4）具有一定的弹性，人在上面停留或行走有舒适感。

（5）对于特殊房间应具有防潮、防水、防火、耐腐蚀等性能。

（二）地面的种类

地面的名称是依据面层所用材料命名的。按面层所用材料和施工方式不同，常见地面可分为以下几类：

（1）整体类地面：包括水泥砂浆、细石混凝土、水磨石及菱苦土等地面。

（2）镶铺类地面：包括黏土砖、大阶砖、水泥花砖、缸砖、陶瓷锦砖、地砖、人造石板、天然石板及木地板等地面。

（3）粘贴类地面：包括油地毡、橡胶地毡、塑料地毡及无纺织地毯等地面。

（4）涂料类地面：包括各种高分子合成涂料涂抹所形成的地面。

（5）木地面：包括各种拼木和条木地面、复合地板等地面。

（三）各类地面的构造

1. 整体类地面构造

现场整浇而成的地面，造价低，施工简便，可以通过加工处理获得装饰效果。如水泥砂浆地面、细石混凝土地面、水磨石地面。

（1）水泥砂浆地面

水泥砂浆地面简称水泥地面。它构造简单，坚固耐磨，防潮、防水，造价低廉，是目前使用最普遍的一种低档地面（图6-18）。水泥砂浆地面导热系数大，对不采暖的建筑，在严寒的冬季走上去感到寒冷，且吸水性差，在空气湿度大的黄梅天容易返潮；此外还有易起灰、不易清洁等问题。

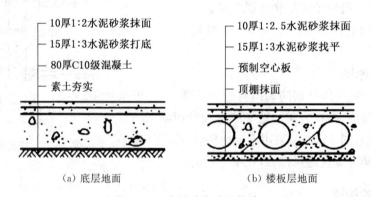

（a）底层地面　　　　　　　　（b）楼板层地面

图6-18　水泥砂浆地面构造

（2）水磨石地面

水磨石地面耐磨性、耐久性、防水性好、质地美观、不起尘、易清洁。构造做法是在刚性垫层或结构层上用10～20 mm厚的1:3水泥砂浆找平，面铺10～15 mm厚1:（1.5～2）的水泥白石子，待面层达到一定强度后加水用磨石机磨光、打蜡（图6-19）。水泥为普通水泥，石子为中等强度的方解石、大理石、白云石等。

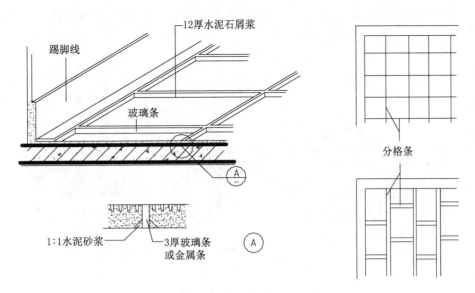

图 6-19 水磨石地面构造的做法

2. 镶铺类地面

镶铺类地面是用各种预制块材、天然石材或板材,通过铺贴形成面层的楼地面。这种地面色彩多样,经久耐用,易保持清洁,主要用于人流大、耐磨损、清洁要求高或较潮湿的场所。

(1) 缸砖、瓷砖、陶瓷锦砖地面

缸砖、瓷砖、陶瓷锦砖的共同特点是表面致密光洁、耐磨、吸水率低、不变色,属于小型块材。它们的铺贴工艺很类似,一般做法:在混凝土垫层或楼板上抹 15～20 mm 厚 1:3 的水泥砂浆找平,再用 5～8 mm 厚 1:1 的水泥砂浆或水泥胶粘贴,最后用素水泥浆擦缝。陶瓷锦砖在整张铺贴后,用滚筒压平,使水泥砂浆挤入缝隙,待水泥砂浆硬化后,用草酸洗去牛皮纸,然后用白水泥浆擦缝(图 6-20)。

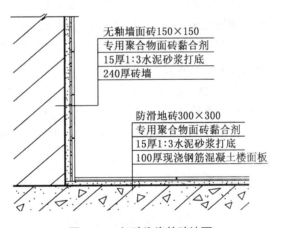

图 6-20 缸砖陶瓷锦砖地面

(2) 花岗石板、大理石板地面

花岗石板、大理石板的尺寸一般为 300 mm×300 mm～600 mm×600 mm,厚度为 20～30 mm,属于高级楼地面材料。铺设前应按房间尺寸预定制作、铺设时需预先试铺,合适后再开始正式铺贴,具体做法:先在混凝土垫层或楼板找平层上实铺 30 mm 厚 1:3 干硬性水泥砂浆作结合层,上面撒素水泥面(洒适量清水),然后铺贴楼地面板材,缝隙挤紧,用橡皮锤或木锤敲实,最后用素水泥浆擦缝。

(3) 陶瓷地砖地面

陶瓷地砖有釉面地砖、无光釉面砖和无釉防滑地砖及抛光同质地砖,也可用来装饰墙面,有多种颜色。其优点为色调均匀、砖面平整、抗腐耐磨、施工方便、块大缝少、装饰效果好,是目前常用的一种地面形式(图6-21)。

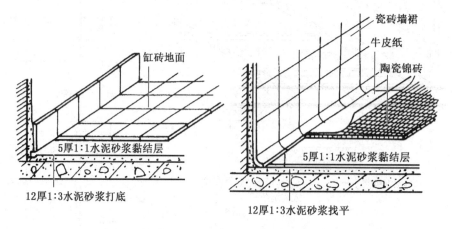

图 6-21　陶瓷地砖地面墙面构造

（4）木楼地面

木楼地面弹性好、不起尘、易清洁、导热系数小,但造价较高,是一种高级楼地面的类型。木楼地面按构造方式分为空铺式和实铺式两种。

空铺式木楼地面是将木楼地面架空铺设,使板下有足够的空间便于通风,以保持干燥。由于其构造复杂,耗费木材较多,故一般用于环境要求干燥、对楼地面有较高的弹性要求的房间(图6-22)。

实铺式木楼地面有铺钉式和粘贴式两种做法。

铺钉式木楼地面是在混凝土垫层或楼板上固定小断面的木搁栅,木搁栅的断面尺寸一般为

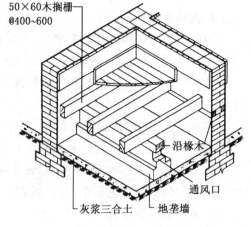

图 6-22　架空式木地板

50 mm×50 mm 或 50 mm×70 mm,间距 400～500 mm,然后在木搁栅上铺定木板材。木板材可采用单层[图6-23(a)]和双层做法。

粘贴式木楼地面是在混凝土垫层或楼板上先用20 mm 厚1:2.5 的水泥砂浆找平,干燥后用专用胶黏剂黏结木板材[图6-23(b)]。粘贴式木楼地面由于省去了搁栅,比铺钉式节约木材、施工简便、造价低,故应用广泛。

当在地坪层上采用实铺式木楼地面时,须在混凝土垫层上设防潮层。

复合木地板一般由四层复合而成。第一层为透明人造金刚砂的超强耐磨层;第二层为木纹装饰纸层;第三层为高密度纤维板的基材层;第四层为防水平衡层,经高性能合成树脂浸渍后,再经高温、高压压制,四边开榫而成。这种木地板精度高,特别耐磨,阻燃性、耐污性好,保温、隔热及观感方面可代替实木地板。

复合木地板的规格一般为 8 mm×190 mm×1 200 mm,一般采用悬浮铺设。在较平整

的基层上先铺设一层聚乙烯薄膜作防潮层,铺设时,复合木地板四周的榫槽用专用的防水胶密封,以防止地面水向下浸入。

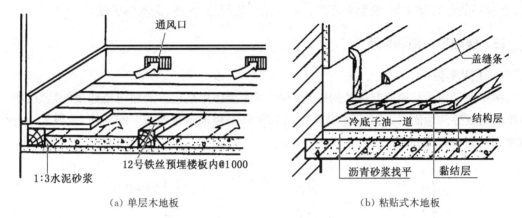

(a) 单层木地板　　　　　　　　　　(b) 粘贴式木地板

图 6-23　实铺木地板

3. 粘贴类地面构造

粘贴类地面以粘贴卷材为主,常见的有塑料地毡、橡胶地毡及地毯等。这些材料表面美观、干净,装饰效果好,具有良好的保温、消声性能,适用于公共建筑和居住建筑。

(1) 塑料地毡

塑料地毡是以聚乙烯树脂为基料,加入增塑剂、稳定剂、石棉绒等材料,经塑化热压而制成,有卷材,也有片材,可在现场拼花。卷材可以干铺,也可同片材一样用黏结剂粘贴到水泥砂浆找平层上。它具有步感舒适、富有弹性、美观大方以及防滑、防水、耐磨、绝缘、防腐、消声、阻燃、易清洁等特点,颜色有灰、绿、橙、黑、米色等,有仿木、石及各种花纹图案式样,且价格低廉,是经济的地面铺材。

(2) 橡胶地毡

橡胶地毡是以橡胶粉为基料,掺入软化剂,在高温、高压下解聚后,再加入着色补强剂,经混炼、塑化压延成卷的地面装修材料。它具有耐磨、柔软、防滑、消声以及富有弹性等特点,价格低廉,铺贴简便,可以干铺,也可用黏结剂粘贴在水泥砂浆面层上。

(3) 无纺织地毯

无纺织地毯类型较多,常见的有化纤无纺织针刺地毯、黄洋麻纤维针刺地毯和纯羊毛无纺织地毯等。这类地毯加工精细、平整丰满、图案典雅、色调宜人,具有柔软舒适、清洁吸声、美观适用等特点,有局部、满铺和干铺、固定等不同铺法。固定式一般用黏结剂满贴或在四周用倒刺条挂住。

4. 涂料类地面构造

涂料类地面通过处理水泥砂浆或混凝土地面的表面,解决了水泥地面易起灰的问题。常见的涂料分为水乳型、水溶型和溶剂型。

涂料与水泥表面的黏结力强,具有良好的耐磨、抗冲击、耐酸、耐碱等性能,水乳型涂料与溶剂型涂料还具有良好的防水性能。另外,一些新型涂料材料具有耐老化、防水、耐磨、抗压强度大、绝缘性能好、无静电效应以及与其他材料黏结性强等特点,特别适合于高级电子计算机房、配电房等处。

涂料类地面要求水泥地面坚实、平整,涂料与面层黏结牢固,不得有掉粉、脱皮开裂等现象,且涂层的色彩要均匀,表面要光滑、洁净,给人以舒适、明净、美观的感觉。

三、楼地层的细部构造

(一)踢脚板

踢脚板是地面与墙面交接处的构造处理,其主要作用是遮盖墙面与楼地面的接缝,防止碰撞墙面或擦洗地面时弄脏墙面,踢脚板可以看作是楼地面在墙面上的延伸,一般采用与楼地面相同的材料(图6-24)。

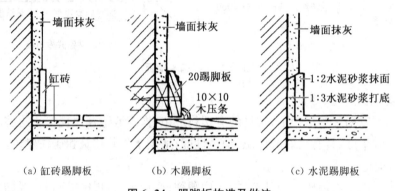

(a)缸砖踢脚板　　　(b)木踢脚板　　　(c)水泥踢脚板

图6-24　踢脚板构造及做法

(二)墙裙

墙裙是内墙面装修层在下部的处理,其主要作用是防止人们在建筑物内活动时碰撞或污染墙面,并起一定的装饰作用。墙裙应采用有一定强度、耐污染、方便清洗的材料,如油漆、水泥砂浆、瓷砖、木材等,通常为贴瓷砖的做法。墙裙的高度和房间的用途有关,一般为900~1 200 mm,对于受水影响的房间,高度为900~2 000 mm。

(三)楼地层变形缝

当建筑物设置变形缝时,应在楼地层的对应位置设变形缝。变形缝应贯通楼地层的各层次,并在构造上保证楼板层和地坪层能够满足美观和变形需求(图6-25)。

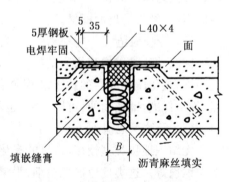

图6-25　楼地层变形缝构造做法

第四节　顶棚构造

顶棚又称平顶或天花板,是楼板层的最下面部分,是建筑物室内主要饰面之一。作为顶棚则要求表面光洁,美观,能反射光线改善室内照度以提高室内装饰效果。对某些有特殊要求的房间,还要求顶棚具有隔声吸音或反射声音、保温、隔热、管道铺设等方面的功能,以满足使用要求。

一、顶棚的分类

1. 直接式顶棚

当要求不高或楼板底面平整时,可采用直接顶棚的形式。具体做法:在板底嵌缝后喷(刷)石灰浆或涂料二道[图 6-26(a)];在板底直接抹灰[图 6-26(b)],常用纸筋石灰浆顶棚、混合砂浆顶棚、水泥砂浆顶棚、麻刀石灰浆顶棚、石膏灰浆顶棚等;在板底直接粘贴装饰吸声板、石膏板、塑胶板等[图 6-26(c)]。

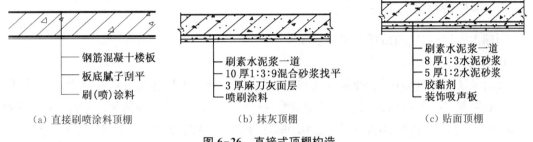

(a) 直接刷喷涂料顶棚   (b) 抹灰顶棚   (c) 贴面顶棚

图 6-26 直接式顶棚构造

2. 悬挂式顶棚

悬挂式顶棚简称吊顶。标准较高的房间,因使用和美观要求,需将设备管线或结构隐藏起来,将顶棚吊于楼板下一定距离,形成吊顶(图 6-27)。吊顶的类型按结构形式可分为以下四种。

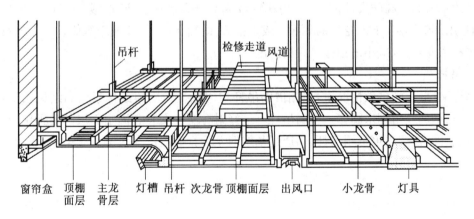

图 6-27 可上人式吊顶构造

(1) 整体性吊顶

整体性吊顶是顶棚面形成一个整体、没有分格的吊顶形式,其龙骨一般为木龙骨或槽形轻钢龙骨,面板用胶合板、石膏板等,也可在龙骨上先钉灰板条或钢丝网,然后用水泥砂浆抹平形成吊顶。

（2）活动式装配吊顶

活动式装配吊顶是将面板直接搁在龙骨上，通常与倒 T 形轻钢龙骨配合使用。这种吊顶龙骨外露，形成纵横分格的装饰效果，且施工安装方便，又便于维修，是目前应用推广的一种吊顶形式。

（3）隐蔽式装配吊顶

隐蔽式装配吊顶是龙骨不外露，饰面板表面平整，是整体效果较好的一种吊顶形式。

（4）开敞式吊顶

开敞式吊顶是通过特定形状的单元体组合而成，吊顶的饰面是敞口的，如木格吊顶、铝合金格栅吊顶等，具有良好的装饰效果，多用于重要房间的局部装饰。

二、顶棚的构造

顶棚由面层、基层和吊杆三部分组成。

1. 面层

面层做法可分现场抹灰（即湿作业）和预制安装两种。现场抹灰一般在灰板条、钢板网上抹掺有纸筋、麻刀、石棉或人造纤维的灰浆，抹灰劳动量大，易出现龟裂，甚至成块破损脱落，适用于小面积吊顶棚；预制安装用预制板块，除木、竹制的板块以及各种胶合板、刨花板、纤维板、甘蔗板、木丝板以外，还有各种预制钢筋混凝土板、纤维水泥板、石膏板、金属板（如钢板、铝板等）、塑料板、金属和塑料复合板等，还可用晶莹光洁和有强烈反射性能的玻璃、镜面、抛光金属板作吊顶面层，以增加室内的高度感。

2. 基层

基层主要是用来固定面层，可单向或双向（成框格形）布置木龙骨，将面板钉在龙骨上。为了节约木材和提高防火性能，现多用薄钢带或铝合金制成的 U 形或 T 形的轻型吊顶龙骨，面板用螺钉固定，卡入龙骨的翼缘上或直接放，既简化施工，又便于维修，中、大型吊顶棚还设置有主龙骨，以减小吊顶棚龙骨的跨度。

3. 吊杆

吊杆又称吊筋，多数情况下，顶棚借助吊杆均匀悬挂在屋顶或楼板层的结构层下，吊杆可用木条、钢筋或角钢来制作。金属吊杆上最好附有便于安装和固定面层的各种调节件、接插件、挂插件，顶棚也可不用吊杆，而通过基层的龙骨直接固定在大梁或圈梁上，成为自承式吊顶棚。

第五节　阳台与雨篷

一、阳台

阳台是建筑物室内的延伸，是居住者休息、晾晒衣物、摆放盆栽的场所，阳台的设计要兼顾实用与美观。

(一) 阳台的分类

阳台按其与外墙的相对位置情况,有凸阳台[图 6-28(a)]、半凸阳台[图 6-28(b)]、凹阳台[图 6-28(c)]以及转角阳台[图 6-28(d)]等几种形式。

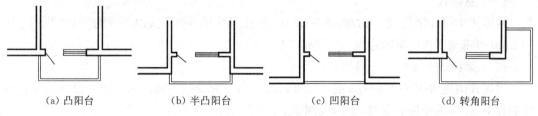

(a) 凸阳台	(b) 半凸阳台	(c) 凹阳台	(d) 转角阳台

图 6-28　阳台的形式

(二) 阳台栏杆(栏板)

阳台栏杆是阳台外围设置的垂直构件。从外形上看,有实体和镂空之分;从材料上分,有砖砌栏板、钢筋混凝土栏杆、金属栏杆等。

(三) 阳台排水

为防止雨水从阳台上进入室内,设计中将阳台地面标高低于室内地面 30~50 mm,并在阳台一侧栏杆下设排水孔。地面用水泥砂浆找出排水坡度 0.5%~1%,将水导向排水孔并向外排除。孔内埋设 $\phi 40$ 或 $\phi 50$ 镀锌钢管或塑料管,通入水落管排水。当采用管口排水时,管口水舌向外挑出至少 80 mm,以防排水时水溅到下层阳台扶手上(图 6-29)。

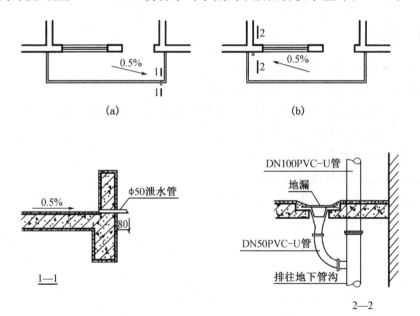

图 6-29　阳台的排水构造

二、雨篷

雨篷是建筑物入口处的水平构件。位于建筑物出入口的上方,用以遮挡雨雪,保护外门免受侵蚀,给人们提供一个从室外到室内的过渡空间,并起到保护门和丰富建筑立面的作用。根据雨篷板的支承方式不同,有悬板式和梁板式两种。雨篷排水方式有无组织排水和有组织排水两种。

(一)悬板式

悬板式雨篷外挑长度一般为 0.8~1.5 m,板根部厚度不小于挑出长度的 1/12,且不小于 70 mm,雨篷宽度比门洞每边宽 250 mm(图 6-30)。

(二)梁板式

梁板式雨篷多用在宽度较大的入口处,如影剧院、商场等主要出入口处。悬挑梁从建筑物的柱上挑出,为使板底平整,多做成倒梁式(图 6-31)。

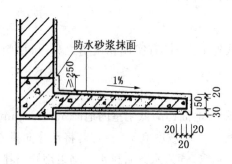

图 6-30　悬板式雨篷构造

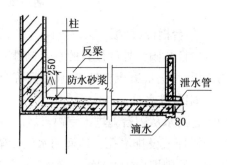

图 6-31　梁板式雨篷构造

【课后思考题】

1. 简述楼板层与地坪层相同和不同之处。
2. 楼板层的基本组成及设计要求有哪些?
3. 简述常用的装配式钢筋混凝土楼板的类型及其特点和适用范围。
4. 简述装配式钢筋混凝土楼板的细部构造。
5. 简述地坪层的组成及各层的作用。
6. 简述直接抹灰顶棚的类型及适用范围。
7. 绘制板式雨篷和梁板式雨篷的构造图。

第七章 屋 顶

学习目标

通过本章的学习,了解民用建筑屋顶的类型、作用和要求;掌握屋顶的排水组织方法;熟悉平屋顶的防水、泛水构造方法及保温与隔热措施;了解坡屋顶的类型、组成、特点及屋顶承重结构的布置;掌握坡屋顶的防水、泛水构造及保温与隔热措施。

知识目标

1. 了解屋顶的作用、功能、设计要求及分类。
2. 熟悉平屋顶的构造做法。
3. 了解坡屋顶的构造做法。
4. 了解屋顶的保温与隔热。

能力目标

1. 熟悉常见屋顶的特点。
2. 掌握平屋顶的防水、保温、隔热的构造做法。
3. 掌握屋面排水组织的基本原则和使用条件。

第一节 屋顶的设计类型及要求

一、屋顶的设计要求

屋顶作为外围护构件,其功能是抵御自然界的风霜雪雨、太阳辐射、气候变化和其他外界的不利因素,使屋顶覆盖下的空间,有一个良好的使用环境。作为承重构件,屋顶承受建筑物顶部的荷载并将这些荷载传给下部的承重构件,同时还起着对房屋上部荷载的水平支撑作用。

(一) 功能要求

具有良好的防水、保温、隔热、隔声等性能,能抵御自然界的不利因素对室内空间的影响。

(二) 结构要求

具有足够的强度和刚度,布置合理,坚固耐久,整体性好。

(三) 构造的要求

构造简单、自重轻、取材方便、经济合理。

(四) 建筑艺术要求

具有良好色彩及造型,满足美观要求,体现建筑的艺术性。

二、屋顶的类型

屋顶的类型与建筑物的屋面材料、屋顶结构类型、屋面排水坡度及建筑造型要求等有关,常见的屋面类型有平屋顶、坡屋顶和曲面屋顶三种。

(一) 平屋顶

平屋顶是指屋面排水坡度小于5%的屋顶,常用的坡度为2%～3%。平屋顶坡度平缓、构造简单、节约材料、造价经济,上部可做成上人屋面,用作露台、屋顶花园等,在建筑工程中应用最为广泛。平屋顶的常见形式如图7-1所示。

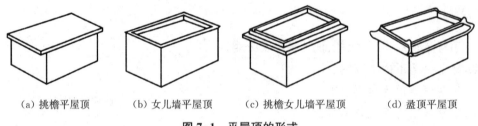

(a) 挑檐平屋顶 　　 (b) 女儿墙平屋顶 　　 (c) 挑檐女儿墙平屋顶 　　 (d) 盝顶平屋顶

图 7-1　平屋顶的形式

(二) 坡屋顶

坡屋顶是指屋面排水坡度在10%以上的屋顶。坡屋顶在我国有着悠久的历史,因其造型丰富,能就地取材,同时兼顾了人们的审美要求,至今仍被广泛采用。坡屋顶的形式如图7-2所示。

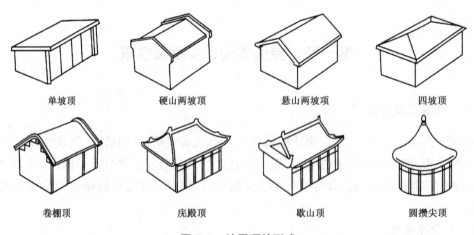

单坡顶 　　　 硬山两坡顶 　　　 悬山两坡顶 　　　 四坡顶

卷棚顶 　　　 庑殿顶 　　　 歇山顶 　　　 圆攒尖顶

图 7-2　坡屋顶的形式

(三) 曲面屋顶

曲面屋顶是指由各种薄壳结构、悬索结构、张拉膜结构和网架结构等作为屋顶承重结构的屋顶。曲面屋顶的承重结构多为空间结构,这些空间结构具有受力合理、节约材料的优点,但施工复杂、造价高,一般适用于大跨度的公共建筑。

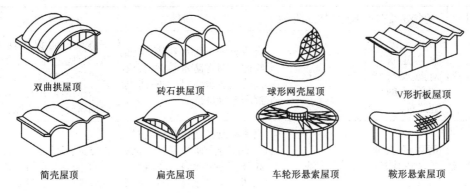

图 7-3　曲面屋顶的形式

三、屋面坡度

(一) 确定屋面坡度的因素

屋面坡度由多方面因素决定,与屋面材料、当地降雨量大小、屋顶结构形式、建筑造型要求及经济条件等有关。屋面坡度大小应适当,坡度太小易渗漏,坡度太大浪费材料、空间。确定屋面坡度时要综合考虑屋面材料、排水能力、经济实用、构造难易程度等各方面的因素。

(二) 坡度的表示方法

屋面坡度的表示方法有斜率法、角度法和百分比法(图 7-4)。斜率法是以屋顶斜面的垂直投影高度与其水平投影长度之比来表示的,如 $1:5$,$1:10$ 等。较大的坡度时可用角度,即以倾斜屋面与水平面所成的夹角表示,如 $30°$,$45°$等。较小的坡度则常用百分率,即以屋顶倾斜面的垂直投影高度与其水平投影长度的百分比来表示,如 2%,5%等。

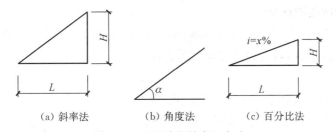

(a) 斜率法　　　　(b) 角度法　　　　(c) 百分比法

图 7-4　屋面坡度的表示方法

第二节　屋 顶 排 水

一、屋面的防水等级

防水是屋顶的最基本的功能要求,屋面的防水等级主要是依据建筑物的性质、重要程度、使用功能要求、防水层耐用年限、防水层选用材料和设防要求等来确定,具体见表 7-1。

表 7-1　屋面的防水等级和设防要求

项目		建筑物类别	防水层使用年限	防水选用材料	设防要求
屋面的防水等级	Ⅰ级	特别重要的民用建筑和对防水有特殊要求的工业建筑	25 年	合成高分子防水卷材、高聚物改性沥青防水卷材、合成高分子防水涂料、细石防水混凝土等材料	三道或三道以上防水设防,其中应用一道合成高分子防水卷材,且只能有一道厚度不小于 2 mm 的合成高分子防水涂膜
	Ⅱ级	重要的工业与民用建筑、高层建筑	15 年	高聚物改性沥青防水卷材、合成高分子防水卷材、合成高分子防水涂料、高聚物改性沥青防水涂料、细石防水混凝土、平瓦等材料	二道防水设防,其中应有一道卷材;也可采用压型钢板进行一道设防
	Ⅲ级	一般的工业与民用建筑	10 年	三毡四油沥青防水卷材、高聚物改性沥青防水卷材、合成高分子防水卷材、高聚物改性沥青防水涂料、合成高分子防水涂料、沥青基防水涂料、刚性防水层、平瓦、油毡瓦等材料	一道防水设防,或两种防水材料复合使用
	Ⅳ级	非永久性的建筑	5 年	二毡三油沥青防水卷材、高聚物改性沥青防水涂料、沥青基防水涂料、波形瓦等材料	一道防水设防

一、平屋顶的排水

(一) 平屋顶坡度的形成

平屋顶屋面应设法形成一定的坡度来排除屋顶的水,并防止屋顶积水渗漏。形成屋顶排水坡度的方法主要有两种:材料找坡和结构找坡。

1. 材料找坡

材料找坡也称垫置坡度,是在水平的屋面板上面利用材料厚度不同形成一定的坡度,找坡材料多用炉渣等轻质材料加水泥和石灰形成,一般设在承重屋面板与保温层之间,平屋顶材料找坡如图 7-5 所示。

材料找坡形成的坡度不宜过大,找坡层的平均厚度增加会使屋顶荷载过大,导致屋顶造价增加。当保温材料为松散状时,也可不另设找坡层,把保温材料做成不均匀厚度来形成坡度,材料找坡可使室内获得水平的顶棚层,但会增加屋顶自重。

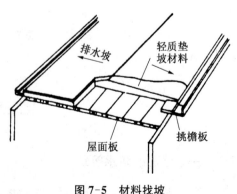

图 7-5　材料找坡

2. 结构找坡

结构找坡也称搁置坡度,它是将屋面板放在有一定倾斜度的梁或墙上,从而形成屋面的坡度。这种做法的顶棚是倾斜的,屋面板以上各构造层厚度不发生变化(图7-6)。

结构找坡不需另做找坡层,减少了屋顶荷载。施工简单、造价低,但顶棚是斜面,室内空间高度不等,需吊顶棚。这种做法在民用建筑中采用较少,多用于跨度较大的生产性建筑和有吊顶的公共建筑。

图 7-6 平屋顶结构找坡

(二)平屋顶的排水方式

平屋顶的排水方式分为无组织排水和有组织排水两大类。

1. 无组织排水

无组织排水是指屋面的雨水由檐口自由滴落到室外地面,又称自由落水,当平屋顶采用无组织排水时,需把屋顶在外墙四周挑出,形成挑檐(图7-7)。

无组织排水不须在屋顶上设置排水装置,构造简单、造价低,但沿檐口下落的雨水会溅湿墙脚,有风时雨水还会淋湿墙面。因此,无组织排水一般适用于低层或次要建筑及降雨量较小地区的建筑物。

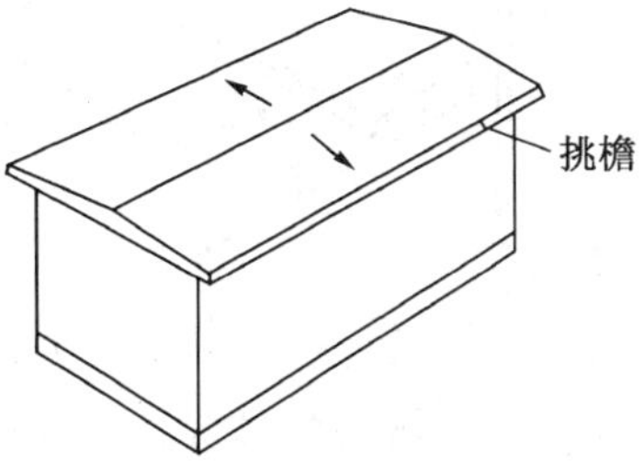

2. 有组织排水

有组织排水是在屋顶设置与屋面排水方向相垂直的纵向天沟,汇集雨水后,将雨水由雨水口、雨水管有组织地排到室外地面或室内地下排水系统,这种排水方式称为有组织排水。有组织排水的屋顶构造较复杂、造价较高,但避免了雨水自由下落对墙面和地面的冲刷。

图 7-7 平屋顶四周挑檐自由落水

按照雨水管的位置,有组织排水分为外排水和内排水。

(1)外排水

外排水是屋顶雨水由室外雨水管排到室外的排水方式,这种排水方式构造简单,造价较低,应用较广,按照檐沟在屋顶的位置,外排水的屋顶形式有沿屋顶四周设檐沟、沿纵墙设檐沟、女儿墙外设檐沟、女儿墙内设檐沟等(图7-8)。

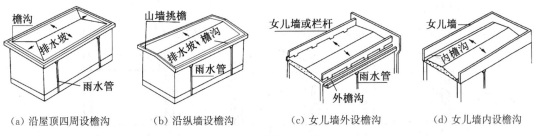

(a)沿屋顶四周设檐沟　　(b)沿纵墙设檐沟　　(c)女儿墙外设檐沟　　(d)女儿墙内设檐沟

图 7-8 平屋顶有组织外排水

（2）内排水

内排水是屋顶的雨水由设在室内的雨水管排到地下水系统的排水方式,这种排水方式构造复杂,造价及维修费用高,且雨水管占室内空间,一般适用于大跨度建筑、高层建筑、严寒地区及对建筑立面有特殊要求的建筑(图7-9)。

雨水口的位置和间距要尽量使其排水负荷均匀,有利于雨水管的安装,且不影响建筑美观。雨水口的数量主要根据屋面集水面积、不同直径雨水管的排水能力计算确定。

在工程实践中,一般在年降雨量大于 900 mm 的地区,每一直径为 100 mm 的雨水管,可排集水面积 150 m² 的雨水;年降雨量小于 900 mm 的地区,每一直径为 100 mm 的雨水管可排集水面积 200 m² 的雨水。雨水口的间距不宜超过 18 m,以防垫置纵坡过厚而增加屋顶或天沟的荷载,屋面排水平面图及雨水口布置如图7-10所示。

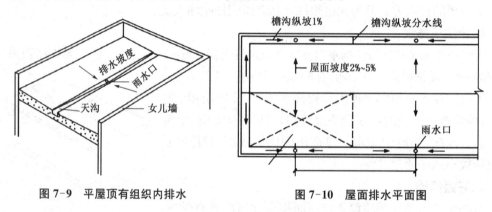

图 7-9 平屋顶有组织内排水   图 7-10 屋面排水平面图

（三）坡屋顶的排水方式

坡屋顶排水有两种形式:无组织排水和有组织排水。

1. 无组织排水

一般在少雨地区或低层及次要建筑中采用这种排水方式[图7-11(a)],其构造简单、施工方便且造价低廉。

2. 有组织排水

有组织排水又分为挑檐沟外排水和女儿墙檐沟外排水。

（1）挑檐沟外排水

在坡屋顶挑槽处悬挂檐沟,雨水先流向檐沟,再经雨水管排至地面[图7-11(b)]。

（2）女儿墙檐沟外排水

在屋顶四周做女儿墙,女儿墙内再做檐沟,雨水流向檐沟后,经雨水管排至地面[图7-11(c)]。

(a) 无组织外排水   (b) 挑檐沟外排水   (c) 女儿墙檐沟外排水

图 7-11 坡屋顶排水方式

第三节 平屋顶构造

平屋顶具有构造简单、节约材料、造价低廉、施工方便、屋面可以利用的优点,同时也存在着造型单一、易产生渗漏现象且维修较困难等缺点。平屋顶是较为常见的屋顶形式。

一、平屋顶的组成

平屋顶一般由面层(防水层)、保温层或隔热层、结构层和顶棚层四部分组成(图 7-12)。由于各地气候条件不同,屋顶的组成也略有差异。在南方地区,较少设保温层,而北方地区则很少设隔热层。

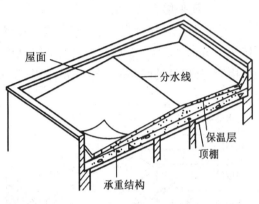

图 7-12 平屋顶的组成

(一)面层(防水层)

平屋顶坡度小排水慢,要加强面层的防水构造处理。平屋顶一般选用防水性能好且单块面积较大的屋面防水材料,采取有效的接缝处理措施来增强屋面的抗渗能力。目前,在工程中常用的有柔性防水和刚性防水两种防水方式。

(二)保温层或隔热层

为防止冬、夏季顶层房间过冷或过热,需在屋顶构造中设置保温层或隔热层,保温层、隔热层通常设置在结构层和防水层之间。常用的保温材料有无机粒状材料和块状制品,如膨胀珍珠岩、水泥蛭石、聚苯乙烯泡沫塑料板等。

(三)结构层

平屋顶主要采用钢筋混凝土结构。按施工方法不同,有现浇钢筋混凝土结构、预制装配式钢筋混凝土结构和装配整体式钢筋混凝土结构三种形式。目前多采用现浇钢筋混凝土结构。

(四)顶棚层

顶棚层的作用及构造做法与楼板层的顶棚层基本相同,有直接抹灰顶棚和吊顶两大类。

二、平屋顶的防水构造

按防水层的做法不同,平屋顶的防水构造分为柔性防水屋面、涂膜防水屋面和刚性防水屋面等几种形式。

(一)柔性防水屋面

柔性防水屋面是将柔性的防水卷材相互搭接,并用胶结料粘贴在屋面基层上,形成防水屋面。卷材有一定的柔性,所以称为柔性防水屋面(也称卷材防水屋面)。

我国过去一直使用沥青和油毡作为屋面防水层。油毡比较经济,有一定的防水能力,但须热施工,且污染环境,高温易流淌,老化周期只有 6~8 年。随着近年来部分新型屋面防水卷材的出现,沥青油毡已经被淘汰替代。

新型材主要有两类:一类是高聚物改性沥青卷材,如 SBS 改性沥青卷材,APP 改性沥青卷材,OMP 改性沥青卷材等;另一类是合成高分子卷材,如三元乙丙橡胶类、聚氯乙烯类、氯化聚乙烯类和改性再生胶类等。新型屋面防水材料的施工方法和要求虽各不相同,但在构造处理上都是相类似的。

1. 卷材防水屋面各构造层次

卷材防水屋面的基本构造包括结构层、找坡层、保温层、找平层、结合层、防水层和保护层(图 7-13)。

（1）找平层

卷材防水层应铺设在平整且具有一定整体性的基层上,一般应在结构层或保温层上做 15~25 mm 厚 1:2.5 水泥砂浆找平层,也可以采用细石混凝土找平层。找平层表面应设置分格缝,分格缝的间距不大于 6 m,如图 7-14 所示。

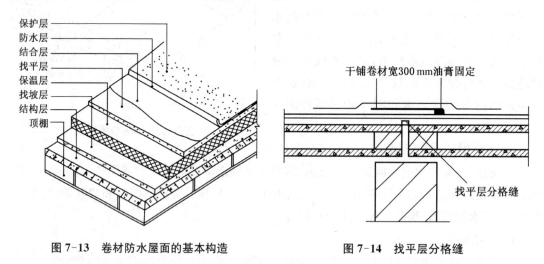

图 7-13　卷材防水屋面的基本构造　　　图 7-14　找平层分格缝

（2）保温层

根据现行公共建筑节能设计标准,屋面一般都应设置保温层。保温层应根据屋面所需传热系数或热阻选择轻质、高效的保温材料,保温层厚度应根据所在地区现行建筑节能设计标准,经计算确定。

当寒冷地区或其他地区室内湿气有可能透过屋面结构层进入保温层时,应设置隔汽层。隔汽层应设置在结构层上、保温层下,应选用气密性、水密性好的材料沿周边墙面向上连续铺设。高出保温层上表面不得小于 150 mm。

屋面还需要排气构造,找平层设置的分格缝可兼作排气道,排气道的宽度宜为 40 mm;排气道应纵横贯通,应与大气连通的排气孔相通,排气孔可设在檐口下或纵横排气道的交叉处。排气道纵横间距宜为 6 m,屋面面积每 36 m² 宜设置一个排气孔,排气孔应做防水处理(图 7-15)。

（3）防水层

屋面卷材防水层是整个屋面构造层次中的核心层次,现在二毡三油、三毡四油等传统普通石油沥青防水卷材已经被淘汰,高聚物改性沥青卷材和合成分子卷材的施工更加清洁,防水效果更好。具体的施工方法有冷粘法、热粘法、热熔法、焊接法、机械固定法等。

（4）保护层

卷材防水层如果裸露在屋顶上,受温度、阳光及氧气等作用容易老化。为保护防水层、增加使用年限,卷材表面须设保护层。上人屋面保护层可采用块体材料、细石混凝土等材料;不上人屋面保护层可采用浅色涂料、铝箔、矿物粒料、水泥秒浆等材料。

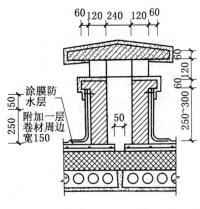

图 7-15 屋面排气孔

2. 卷材防水屋面的檐口及泛水构造

卷材防水屋面的檐口有自由落水、挑檐沟、女儿墙带挑檐沟、女儿墙外排水、女儿墙内排水等。构造处理的关键点:卷材在檐口处的收头处理和雨水口处构造(图 7-16)。

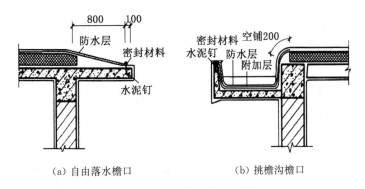

(a) 自由落水檐口   (b) 挑檐沟檐口

图 7-16 卷材屋面檐口构造

泛水主要是指屋面防水层与垂直墙相交处的防水构造处理。卷材防水屋面垂直墙处泛水处理应注意屋面与墙面相交处用砂浆做成弧形,防止卷材直角折曲。卷材在墙上至少上翻 250 mm 的高度,并做好收头处理(图 7-17)。

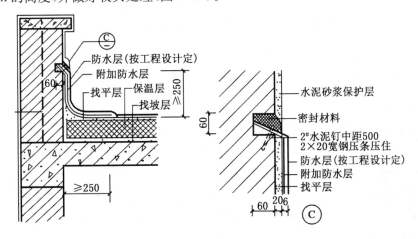

图 7-17 女儿墙泛水构造

（二）涂膜防水屋面

涂膜防水是将可塑性和黏合力较强的高分子防水涂料直接涂刷在屋面基层上，形成一层不透水薄膜层的屋面防水类型。主要有乳化沥青、氯丁橡胶类、丙烯酸树脂类等。按涂膜防水原理通常分为两大类：一类是用水或溶剂溶解后在基层上涂刷，水或溶剂蒸发后干燥、硬化；另一类是通过材料的化学反应硬化。涂膜防水屋面构造如图7-18所示。

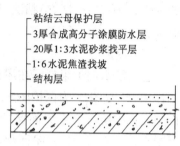

图7-18　涂膜防水屋面构造

涂膜的基层应为混凝土或水泥砂浆，要求平整、干燥，含水率为8%～9%方可施工。涂膜材料有防水性好、黏结力强、延伸性大、耐腐蚀、耐老化、无毒、冷作业、施工方便等优点，发展前景很好。

（三）其他防水屋面

刚性防水屋面是指以密实性混凝土或防水砂浆等刚性材料作为屋面防水层的防水构造方法，主要是指细石混凝土防水层的屋面。其优点是施工简单、经济。缺点是施工技术要求高，防水层对结构变形敏感，易裂缝而导致漏水。因此，细石混凝土屋面逐渐被新型屋面代替，如金属板平屋面等（图7-19）。

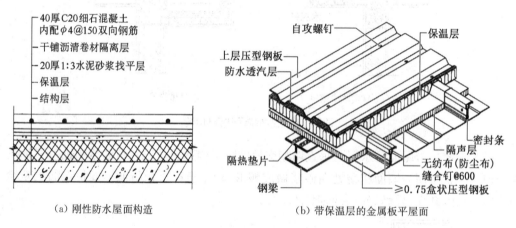

（a）刚性防水屋面构造　　　　　　（b）带保温层的金属板平屋面

图7-19　其他类型防水屋面构造

三、平屋顶的保温与隔热

（一）平屋顶保温

为了防止室内热量散失过多、过快，须在围护结构中设置保温层，以满足人们对室温的要求。保温层的构造方案和材料做法是根据使用要求、气候条件、屋顶的结构形式、防水处理方法、施工条件等综合因素来确定。

1. 屋面保温材料

屋面保温材料一般选用空隙多、表观密度小、导热系数小的材料，分为纤维材料、整体材料和板块材料三大类。

(1) 纤维材料

聚苯乙烯泡沫塑料、硬质聚氨酯泡沫塑料、膨胀珍珠岩制品、泡沫玻璃制品、加气混凝土砌块、泡沫混凝土砌块等。

(2) 整体材料

在结构层上用轻骨料(矿渣、陶粒、蛭石、珍珠岩等)与石灰或水泥拌和浇筑而成。这种保温层可浇筑成不同厚度,可与找坡层结合处理。

(3) 板块材料

常见的有水泥、沥青、水玻璃等胶结的预制膨胀珍珠岩板、膨胀蛭石板、加气混凝土块、泡沫塑料等块材或板材。上面做找平层再铺防水层,屋面排水用结构找坡或轻混凝土在保温层下先做找坡层。

2. 屋顶保温层位置

屋顶保温层按照结构层、防水层和保温层所处的位置不同,有以下几种情况。

(1) 正铺屋顶保温层

将保温层设在结构层之上、防水层之下,从而形成封闭式保温层的一种屋面做法,目前广泛采用(图 7-20)。

保温材料一般为热导率小的轻质、疏松、多孔或纤维材料,如蛭石、岩棉、膨胀珍珠岩等。可以直接使用散料,也可以与水泥或石灰拌和后整浇成保温层,还可以制成板块使用。但用散料或用块材保温材料时,保温层上须设找平层。

(2) 倒铺屋顶保温层

将保温层设在防水层之上,为倒置式保温屋面,也称"倒铺法"保温。优点是防水层被掩盖在保温层之下,不受阳光及气候变化的影响,热温差较小,防水层不易受来自外界的机械损伤。屋面保温材料宜采用吸湿性小的憎水材料,如聚苯乙烯泡沫塑料板或聚氨酯泡沫塑料板。加气混凝土或泡沫混凝土吸湿性较强,不宜选用。应在保温层上设保护层,防止表面破损和延缓保温材料的老化,保护层应选择有一定荷载并足以压住保温层的材料,使保温层在下雨时不致漂浮,可选择大粒径的石子或混凝土做保护层,不能用绿豆砂(图 7-21)。

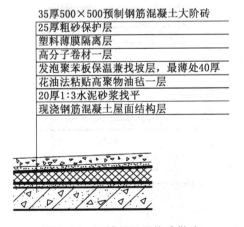

图 7-20 正铺保温层构造做法

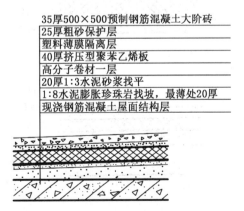

图 7-21 倒铺保温层构造做法

（3）保温层与结构层组合复合板材屋顶保温层

这种板材既是结构构件，又是保温构件，一般有两种做法：一种为槽板内设置保温层[图7-22(a)、(b)]，这种做法可减少施工工序，提高工业化水平，但成本偏高，把保温层设在结构层下面会产生内部凝结水，降低保温效果；另一种为保温材料与结构层融为一体，如加气的配钢筋混凝土屋面板[图7-22(c)]，这种构件既能承重，又能达到保温效果，施工过程简化，低成本，但其板的承载力较小，耐久性较差，适用于标准较低且不上人的屋顶。

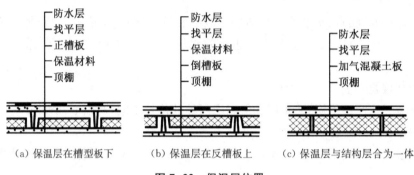

（a）保温层在槽型板下　　（b）保温层在反槽板上　　（c）保温层与结构层合为一体

图 7-22　保温层位置

（4）冷屋顶保温体系

防水层与保温层之间设空气间层的保温屋面。空气间层的设置使室内采暖的热量不直接影响屋面防水层，称为"冷屋顶保温体系"，这种做法的保温屋顶，平屋顶和坡屋顶均可采用。

平屋顶的冷屋顶保温做法常用垫块架空预制板，形成空气间层，在上面再做找平层和防水层。其空气间层的主要作用是带走穿过顶棚和保温层的蒸汽及保温层散发出来的蒸汽，并防止水的凝结。此外还可带走太阳辐射热通过屋面防水层传下来的部分热量。平屋顶冷屋面保温构造如图7-23所示。

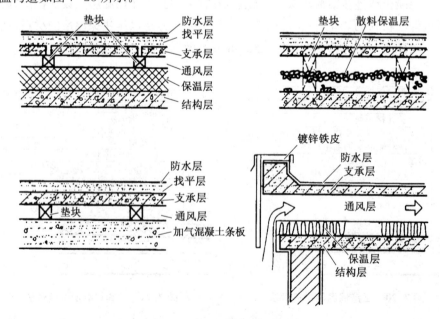

图 7-23　平屋顶冷屋面保温构造

3. 隔汽层的设置

当严寒地区屋面结构冷凝界面内侧实际具有的蒸汽渗透阻小于所需值,或其他地区室内湿气有可能透过屋面结构层进入保温层时,应设置隔汽层。隔汽层应设置在结构层的保温层下,选用气密性,水密性好的材料,隔汽层沿周边墙面向上连续铺设,高出保温层上表面不得小于 150 mm。

(二)平屋顶的隔热降温措施

夏季在太阳辐射热和室外空气温度的综合作用下,从屋顶传入室内的热量要比从墙体传入室内的热量多,尤其在南方地区,屋顶的隔热问题更突出,须从构造上采取隔热措施。屋顶隔热降温的基本原理是减少直接作用于屋顶表面的太阳辐射热,隔热降温的构造做法主要有通风隔热、蓄水隔热、反射降温隔热、植被隔热等。

1. 通风隔热

通风隔热屋面就是在屋顶中设置通风间层,其上层表面可遮挡太阳辐射热,由于风压和热压作用把间层中的热空气不断带走,使下层板面传至室内的热量大为减少,以达到隔热降温的目的。通风间层通常有两种设置方式,一种是在屋面上的架空通风隔热,另一种是利用顶棚内的空间通风隔热。

(1)架空通风隔热

在屋面防水层上用适当的材料或构件制品做架空隔热层,如图 7-24 所示。这种屋面既能达到通风降温、隔热防晒的目的,又可以保护屋面防水层。

(2)顶棚通风隔热

利用顶棚与屋顶之间的空间做通风隔热层,一般在屋面板下吊顶棚,檐墙上开设通风口,顶棚通风隔热屋面如图 7-25 所示。

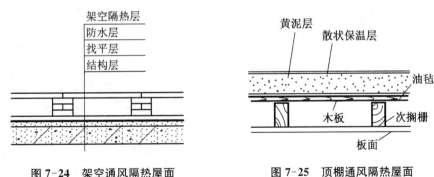

图 7-24 架空通风隔热屋面　　　　　图 7-25 顶棚通风隔热屋面

2. 蓄水隔热

蓄水屋面是在平屋顶上蓄一层水来吸收大量太阳辐射热和室外气温的热量。水可以减少屋顶吸收热能,达到降温隔热的目的。水面还可反射阳光,减少阳光对屋顶的直射作用,水层对屋面还可以起到保护作用。混凝土防水屋面在水的养护下,可以减轻由于温度变化引起的裂缝和延缓混凝土的碳化。蓄水屋面既可隔热,又能减轻防水层的裂缝,提高耐久性,在南方地区采用较多(图 7-26)。

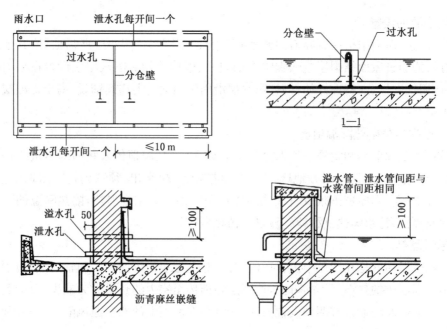

图 7-26 蓄水隔热屋面

3. 反射降温隔热

屋面受到太阳辐射后,一部分辐射热量被屋面材料所吸收,另一部分被反射出去。色浅而光滑的表面比色深而粗糙的表面具有更大的反射率。采用浅颜色的砾石铺面,或在屋面上涂刷一层白色涂料,对隔热降温均可起显著作用,如铝箔反射屋面(图 7-27)。

4. 植被隔热

在屋面防水层上覆盖种植土,种植各种绿色植物,利用植物的蒸发和光合作用,吸收太阳辐射热,可以达到隔热降温的作用。这种屋面利于美化环境、净化空气,但增加了屋顶荷载,结构处理复杂(图 7-28)。

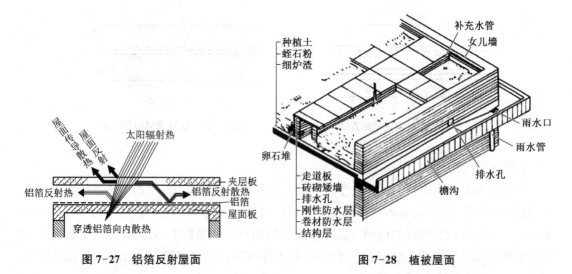

图 7-27 铝箔反射屋面   图 7-28 植被屋面

第四节 坡屋顶构造

一、坡屋顶的组成

坡屋顶由承重结构、屋面和顶棚等部分组成,根据使用要求不同,有时还需增设保温层或隔热层等。

(一)承重结构

承重结构主要承受作用在屋面上的各种荷载,并把它们传到墙或柱上。坡屋顶的承重结构一般由椽条、檩条、屋架或大梁等组成。

(二)屋面

屋面是屋顶的上覆盖层,直接承受风、雨、雪和太阳辐射等大自然的作用。它包括屋面覆盖材料和基层材料,如挂瓦条、屋面板等。

(三)顶棚

顶棚是屋顶下面的遮盖部分,可使室内上部平整,起反射光线和装饰作用。

(四)保温层或隔热层

保温层或隔热层可设在屋面层或顶棚处。

二、坡屋顶的承重结构

坡屋顶与平屋顶相比坡度较大,承重结构的顶面是斜面。承重结构系统可分为砖墙承重、梁架承重和屋架承重等。

(一)砖墙承重(硬山搁檩)

横墙间距过小(不大于 4 m)且具有分隔和承重功能的房屋,可将横墙顶部做成坡形支承檩条,即为砖墙承重,这类结构形式也叫硬山搁檩(图 7-29)。

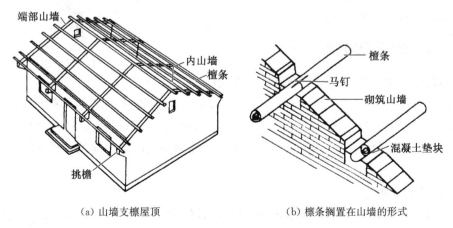

(a) 山墙支檩屋顶   (b) 檩条搁置在山墙的形式

图 7-29 山墙支承檩条

（二）梁架承重

我国传统的承重结构形式,它由柱和梁组成排架,檩条置于梁间承受屋面荷载并将各排架连成一完整骨架。内外墙体均填充在骨架之间,仅起分隔和围护作用,不承受荷载,梁架交接点为榫齿结合,整体性和抗震性较好。这种结构形式的梁受力不够合理,梁截面需要较大,总体耗木料较多,耐火及耐久性差,维修费用高,现已很少采用(图 7-30)。

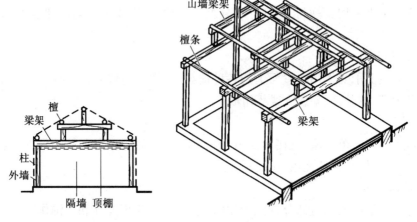

图 7-30　梁架结构

（三）屋架承重

在屋顶承重结构中的桁架称为屋架(图 7-31)。屋架可根据排水坡度和空间要求,组成三角形、梯形、矩形、多边形。屋架中各杆件受力合理,杆件截面较小,能获得较大的跨度和空间。木质屋架跨度可达 18 m,钢筋混凝土屋架跨度可达 24 m,钢屋架跨度可达 26 m 以上。采用纵墙承重体系,还可将屋架制成三支点或四支点,以减小跨度,节约材料。

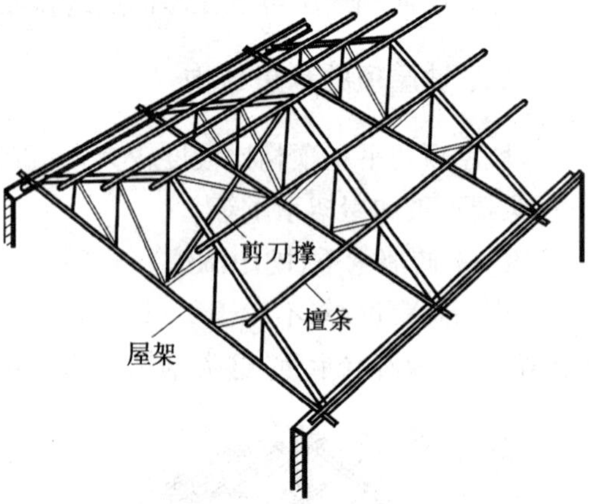

图 7-31　屋架结构

三、坡屋顶的屋面构造

坡屋顶的屋面坡度较大,可采用各种小尺寸的瓦材相互搭盖来防水。由于瓦材尺寸小、强度低,不能直接搁置在承重结构上,需在瓦材下面设置基层将瓦材连接起来,构成屋面。因此,坡屋顶屋面一般由基层和面层组成。工程中常用的面层材料有平瓦、油毡瓦、压型钢板等,屋面构造一般由檩条、椽条、木望板、挂瓦条等组成。

（一）平瓦屋面

平瓦有黏土瓦、水泥瓦、琉璃瓦等,一般尺寸为:长 380～420 mm,宽 240 mm,净厚 20 mm,适宜的排水坡度为 20%～50%。根据基层的不同做法,平瓦屋面有下列不同的构造类型。

1. 木望板平瓦屋面

木望板平瓦屋面是在檩条或椽条上钉木望板,木望板干铺一层防水卷材,用顺水条固定后,再钉挂瓦条挂瓦所形成的屋面,如图7-32所示。这种屋面构造层次多,屋顶的防水、保温效果好,应用最为广泛。

2. 钢筋混凝土板平瓦屋面

钢筋混凝土板平瓦屋面是以钢筋混凝土板为屋面基层的平瓦屋面。这种屋面的构造有以下两种形式。

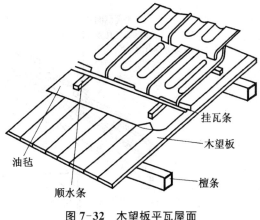

图7-32 木望板平瓦屋面

(1)将断面形状呈倒T形或F形的预制钢筋混凝土挂瓦板固定在横墙或屋架上,然后在挂瓦板的板肋上直接挂瓦(图7-33),这种屋面中挂瓦板即为屋面基层,有构造层次少、节省木材的优点。

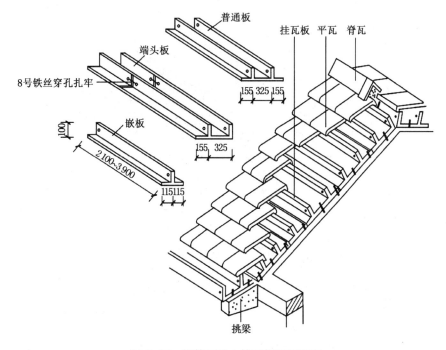

图7-33 钢筋混凝土挂瓦板平瓦屋面

(2)采用现浇钢筋混凝土屋面板作为屋顶的结构层,上面固定挂瓦条挂瓦,或用水泥砂浆等固定平瓦(图7-34)。

(二)油毡瓦屋面

油毡瓦是以玻璃纤维为胎基,经浸涂石油沥青后,面层热压各色彩砂,背面采用隔离材料制成的瓦状材料,形状有方形和半圆形,柔性好、耐酸碱、不褪色、质量轻。适用于坡屋面的防水层或多层防水层的面层,油毡瓦适用于排水坡度大于20%的坡屋面,可铺设在木板基层和混凝土基层的水泥砂浆找平层上(图7-35)。

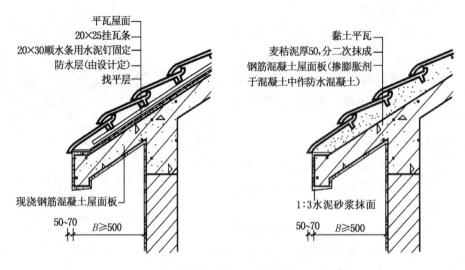

图 7-34 钢筋混凝土屋面板基层平瓦屋面

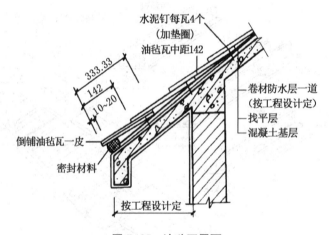

图 7-35 油毡瓦屋面

(三)压型钢板屋面

压型钢板是将镀锌钢板轧制成型,表面涂刷防腐涂层或彩色烤漆的屋面材料。有多种规格,有的中间填充保温材料,做成夹芯板,可提高屋顶的保温效果。这种屋面自重轻、施工方便、装饰性与耐久性强,用于对屋顶的装饰性要求较高的建筑中。

压型钢板屋面一般与钢屋架相配合,先在钢屋架上固定工字型或槽形檩条,檩条上固定钢板支架,彩色压型钢板与支架用钩头螺栓连接。梯形压型钢板屋面如图 7-36 所示。

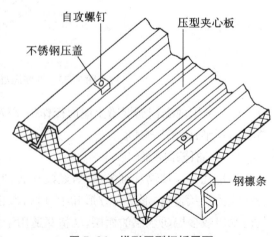

图 7-36 梯形压型钢板屋面

四、坡屋顶的细部构造

平瓦屋面是坡屋顶中应用最广的一种形式,其细部构造主要包括檐口、天沟、屋脊等。

(一) 檐口构造

1. 纵墙檐口

纵墙檐口根据构造方法不同,有挑檐和封檐两种形式。挑檐有砖挑檐[图 7-37(a)]、椽条挑檐[图 7-37(b)]、挑梁挑檐[图 7-37(c)]、钢筋混凝土挑板挑檐[图 7-37(d)]等形式。将檐墙砌出屋面形成女儿墙包檐口构造。须在屋面与女儿墙处设天沟,天沟宜采用预制天沟板,沟内铺防水卷材,并将其一直铺到女儿墙上形成泛水。

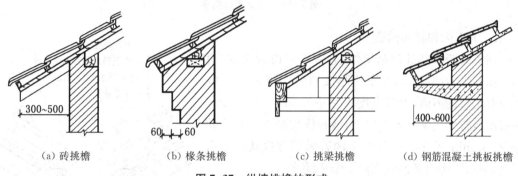

(a) 砖挑檐   (b) 椽条挑檐   (c) 挑梁挑檐   (d) 钢筋混凝土挑板挑檐

图 7-37 纵墙挑檐的形式

2. 山墙檐口

山墙檐口可分为山墙挑檐(悬山)和山墙封檐(硬山)两种做法。

悬山屋顶的檐口构造,先将檩条挑出山墙形成悬山,檩条端部钉木封檐板,沿山墙挑檐的一行瓦,应用 1∶2.5 的水泥砂浆做出披水线,将瓦封固(图 7-38)。

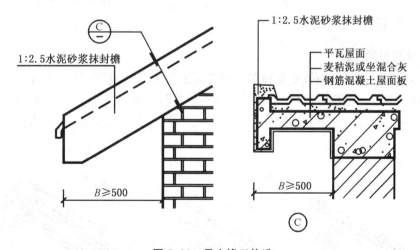

图 7-38 悬山檐口构造

硬山的做法有山墙与屋面等高或山墙高出屋面形成山墙女儿墙两种。等高做法是山墙砌至屋面高度,屋面铺瓦盖过山墙,然后用水泥麻刀砂浆嵌填,再用 1∶3 水泥砂浆抹出"瓦出线"。当山墙高出屋面时,女儿墙与屋面交接处做泛水处理,一般用水泥石灰麻刀砂浆抹成泛水(图7-39)。

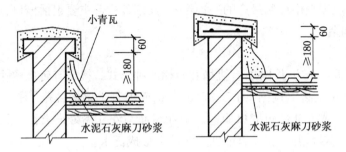

图 7-39 硬山檐口构造

(二) 天沟和斜沟构造

在等高跨和高低跨相交处,通常需要设置天沟,而两个相互垂直的屋面相交处则形成斜沟(图7-40)。斜沟应有足够的断面,上口宽度不宜小于 300～500 mm,一般用镀锌铁皮铺于木基层上,镀锌铁皮伸入瓦片下面至少150 mm。高低跨和包檐天沟若采用镀锌铁皮防水层时,应从天沟内延伸到立墙上形成泛水。

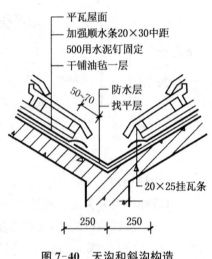

图 7-40 天沟和斜沟构造

(三) 烟囱出屋面处的构造

烟囱穿过屋面,其构造问题是防水和防火。屋面木基层与烟囱接触易引起火灾,应保持一定的距离。为了避免屋面雨水从四周渗漏,应在交界处用水泥石灰麻刀砂浆抹面做泛水处理,通风道出屋面处也可这样做。

五、坡屋顶的保温与隔热

(一) 坡屋顶的保温

坡屋顶的保温层一般布置在瓦材和檩条之间或吊顶上面,如图7-41 所示。保温材料可根据工程具体要求选用松散材料、块体材料或板状材料。在一般的小青瓦屋面中,基层上满铺一层黏土稻草泥作为保温层,小青瓦片黏结在该层上,在平瓦屋面中,可将保温层填充在

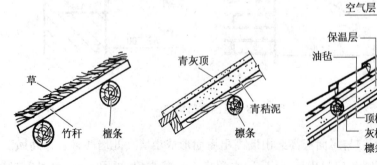

图 7-41 坡屋顶的保温

檩条之间;在设有吊顶的坡屋顶中,常将保温层铺设在顶棚上面,可起到保温和隔热双重作用。

(二) 坡屋顶的隔热

炎热地区将坡屋顶做成双层,由檐口处进风,屋脊处排风,利用空气流动带走一部分热量,降低瓦面的温度,也可利用檩条的间距通风(图 7-42)。

图 7-42　坡屋顶的隔热

【课后思考题】

1. 屋顶有哪些类型? 作用是什么?
2. 平屋顶排水组织有哪些类型? 各有什么优缺点?
3. 什么是泛水? 用图示表示其构造。
4. 提高平屋顶保温、隔热性能的措施有哪些?
5. 坡屋顶的承重方式有哪几种? 各自特点是什么?
6. 坡屋顶的保温与隔热有哪些措施?

第八章　楼梯与电梯

通过本章的学习，掌握楼梯的组成、钢筋混凝土楼梯的主要构造、楼梯的细部构造；熟悉楼梯的类型及尺度要求；了解电梯与自动扶梯的构造、室外台阶与坡道的构造。

1. 了解楼梯的组成、尺度，常见楼梯的形式及适用范围。
2. 掌握一般平行双跑楼梯的计算方法。
3. 熟悉现浇钢筋混凝土楼梯的类型、特点、结构形式。
4. 掌握预制装配式钢筋混凝土梁承式楼梯的构造特点、要求及细部构造。
5. 了解有关电梯、自动扶梯的基本知识；电梯井道的设计要求。
6. 熟悉台阶与坡道的设计要点及构造要求。

1. 理解楼梯构造设计的原理，并根据设计要求绘制楼梯。
2. 能通过观察学习或生活场所的各种楼梯，对其进行简单图示表达。

第一节　楼梯的组成、形式及尺度

人们在建筑空间内部实现竖向交通，主要依靠楼梯、电梯、自动扶梯、台阶、坡道及爬梯等设施。楼梯是竖向交通中主要的交通设施，使用最广泛；垂直升降电梯用于高层建筑或使用要求较高的宾馆等多层建筑物；自动扶梯用于人流量大且使用要求高的公共建筑，如商场、候车楼等；台阶用于室内外高差之间和室内局部高差之间的联系；坡道用于建筑中的无障碍流线，如医疗建筑中担架车通道等；爬梯专用于不经常实施安装和检修等。

一、楼梯的组成

楼梯一般由楼梯段、平台、栏杆(板)扶手三部分组成(图 8-1)。

（一）楼梯段

楼梯段是指两平台之间带踏步的斜板，俗称梯跑。踏步的水平面称为踏面，其宽度称为踏步宽。踏步的垂直面称为踢面，其数量称为级数，高度称为踏步高。根据人们的行走习惯，楼梯段的级数一般不超过 18 级，不少于 3 级。公共建筑中的装饰性弧形楼梯根据实际情况可不受此限制。

（二）平台

平台是两楼梯段之间的水平连接部分。根据位置的不同，可分为中间平台和楼层平台。中间平台的主要作用是楼梯转换方向和缓解人们上楼梯的疲劳，又称休息平台。

楼层平台与楼层地面标高平齐，除起中间平台的作用外，还可用来分流从楼梯到达各层的人群。

（三）栏杆（栏板）扶手

栏杆（板）是楼梯段的安全设施，一般设置在梯段和平台的临空边缘。要求它必须坚固可靠，有足够的安全高度，并在其上

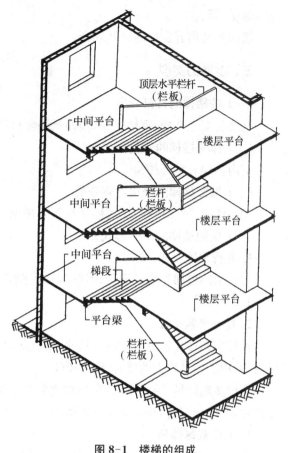

图 8-1　楼梯的组成

部设置扶手。在公共建筑中，当楼梯段较宽时，常在楼梯段和平台靠墙一侧设置靠墙扶手。

（四）梯井

楼梯的两梯段或三梯段之间形成的竖向空隙称为梯井。在住宅建筑和公共建筑中，根据使用和空间效果确定不同的取值。住宅建筑应尽量减小梯井宽度，以增大梯段净宽，一般取值为 100～200 mm。公共建筑梯井宽度的取值一般不小于 160 mm，并应满足消防要求。

二、楼梯的设计要求

楼梯作为建筑空间竖向联系的主要部件，位置应明显，起到提示、引导人流的作用，要做到造型美观、通行顺畅、行走舒适、结构坚固、安全防火，同时还应满足施工和经济条件的要求。

作为主要楼梯，应与主要出入口邻近；同时还应避免垂直交通与水平交通在交接处拥挤、堵塞。

楼梯的间距、数量及宽度应经过计算满足防火疏散要求。楼梯间内不得有影响疏散的凸出部分，以免挤伤人。楼梯间除允许直接对外开窗采光外，不得向室内任何房间开窗。楼梯间四周墙必须为防火墙，对防火要求高的建筑物特别是高层建筑，应设计成封闭式楼梯间

或防烟楼梯间。

楼梯间必须有良好的自然采光。

三、楼梯的类型

(一) 按楼梯的材料分类

钢筋混凝土楼梯、钢楼梯、木楼梯及组合材料楼梯。

(二) 按照楼梯的位置分类

室内楼梯和室外楼梯。

(三) 按照楼梯的使用性质分类

主要楼梯、辅助楼梯、疏散楼梯及消防楼梯。

(四) 按照楼梯的平面形式分类

1. 直行单跑楼梯

直行单跑楼梯无中间平台,因单跑梯段踏步数一般不超过 18 级,仅用于层高不大的建筑[图 8-2(a)]。

2. 直行多跑楼梯

直行多跑楼梯是单跑楼梯的延伸,增设了中间平台,将单梯段变为多梯段。一般为双跑梯段,适用于层高较大的建筑[图 8-2(b)]。

直行多跑楼梯,导向性强,在公共建筑中常用于人流较多的大厅。用于须上多层楼面的建筑时,会增加交通面积,加长行走距离。

3. 平行双跑楼梯

平行双跑楼梯,上完一层楼刚好回到原起步方位,与楼上升的空间回转往复性吻合,比直跑楼梯节约面积,缩短行走距离,是最常用的楼梯形式[图 8-2(c)]。

4. 平行双分、双合楼梯

平行双分楼梯是在平行双跑楼梯基础上演变产生的。梯段平行且行走方向相反,第一跑在中部上行,然后自中间平台处往两边以第一跑楼梯的 1/2 梯段宽,各上一跑到楼层平台。通常在人流多、梯段宽度较大时采用。常用作办公类建筑的主要楼梯[图 8-2(d)]。

平行双合楼梯与平行双分楼梯类似,区别在于楼层平台起步第一跑梯段前者在中间,后者在两边[图 8-2(e)]。

5. 折行多跑楼梯

折行双跑楼梯人流导向性较自由,折角可变,当折角大于 90°时,其行进方向性类似于直行双跑梯,常用于仅上一层楼面的剧院、体育馆等建筑的门厅中,当折角小于 90°时,可形成三角形楼梯间[图 8-2(f)]。

折行三跑楼梯中部会形成较大梯井,在设有电梯的建筑中,可利用梯井做电梯井,常用于层高较大的公共建筑中。

6. 交叉式楼梯

由两个直行单跑梯段交叉并列布置而成。通行的人流量较大,且为上下楼层的人流提供了两个方向,对于空间开敞,楼层人流多方向进入有利,但仅适合于层高小的建筑[图 8-2

(g)]。

7. 剪刀式楼梯

剪刀式楼梯实际上是由两个双跑直楼梯交叉并列布置而形成的。它既增大了人流通行能力，又为人流变换行进方向提供了方便。适用于商场、多层食堂等人流量大，且行进方向有多向性选择要求的建筑中[图 8-2(h)]。

8. 螺旋楼梯

螺旋楼梯通常是围绕一根单柱布置，平面呈圆形。平台和踏步步均为扇形平面，踏步内侧宽度很小，形成较陡的坡度，行走时不安全，构造较复杂。这种楼梯不能作为主要疏散楼梯，其流线型造型美观，常作为建筑小品布置在庭院或室内[图 8-2(i)]。

为了克服螺旋形楼梯内侧坡度过陡的缺点，在较大型的楼梯中，可将中间的单柱变为群柱或筒体。

9. 弧形楼梯

弧形楼梯与螺旋楼梯外形相似，其不同之处在于弧形楼梯围绕旋转的轴心为较大空间，其水平投影未构成圆，仅为一段弧环，其扇形踏步的内侧宽度也较大。同时，弧形楼梯也是折行楼梯的演变，当应用于公共建筑的门厅时，具有明显的导向作用[图 8-2(j)]。

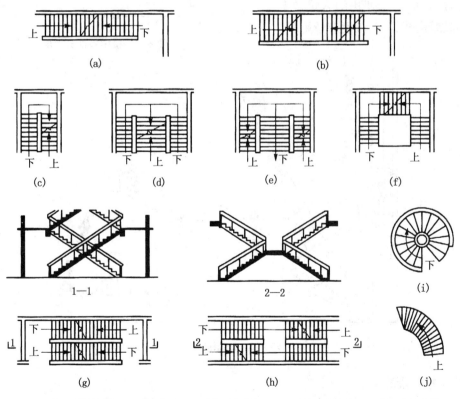

(a) 直行单跑楼梯；(b) 直行双跑楼梯；(c) 平行双跑楼梯；(d) 平行双分楼梯；(e) 平行双合楼梯；
(f) 折行三跑楼梯；(g) 交叉式楼梯；(h) 剪刀式楼梯；(i) 螺旋楼梯；(j) 弧形楼梯

图 8-2　楼梯的形式

四、楼梯的尺度

楼梯的尺度包括坡度、梯段、平台、踏步、栏杆扶手尺度、净空高度等多个方面（图8-3）。

（一）楼梯的坡度

楼梯的坡度即楼梯段的坡度，可以采用两种方法表示，一种是用楼梯段与水平面的夹角表示，另一种是用踏步的高宽比表示。普通楼梯的坡度范围一般为20°~45°，合适的坡度一般为30°左右，最佳坡度为26°。当坡度小于20°时宜采用坡道；当坡度大于45°时，宜采用爬梯（图8-4）。

确定楼梯的坡度应从房屋的使用性质、行走的方便性和节约楼梯间面积等多方面综合考虑，对于使用的人员情况复杂且使用频繁的楼梯，其坡度应较平缓。

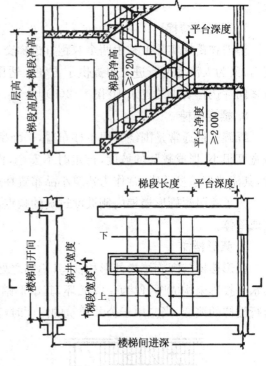

图 8-3 楼梯各部分尺度

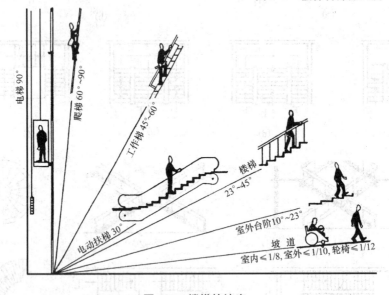

图 8-4 楼梯的坡度

（二）楼梯段的宽度

楼梯段宽度是指墙面至扶手中心线或两扶手中心线之间的水平距离。楼梯段的宽度除符合防火规范的规定外，供日常主要交通用的楼梯梯段宽度应根据建筑物使用特征，按每股人流宽为500~600 mm考虑，不应少于两股人流。

楼梯应至少于一侧设扶手，梯段净宽达三股人流时应两侧设扶手，达四股人流时宜加设中间扶手。

（三）楼梯平台深度

楼梯平台是连接楼地面与梯段端部的水平部分,深度不应小于楼梯梯段的宽度,且不应小于 1.2 m,当有搬运大型物件需要时应适当加宽。直跑楼梯的中间平台深度以及通向走廊的开敞式楼梯楼层平台深度,可不受此限制。

（四）踏步尺寸

踏步的高度,成人以 150 mm 左右较适宜,不应高于 175 mm。踏步的宽度(水平投影宽度)以 300 mm 左右为宜,不应小于 260 mm。当踏步宽过宽时,将导致梯段水平投影面积增加;踏步宽过小时,会使人行走不安全。通常踏步尺寸按下列经验公式确定:

$$2h + b = 600 \sim 620 \text{ mm 或 } h + b = 450 \text{ mm}$$

式中　h——踏步高度(mm);

　　　b——踏步宽度(mm)。

一般民用建筑楼梯踏步尺寸可参见表 8-1。

表 8-1　常用踏步尺寸　　　　　　　　　　单位:mm

名称	住宅	幼儿园	学校、办公楼	医院	剧院、会堂
踏步高	150～175	120～150	140～160	120～150	120～150
踏步宽	260～300	260～280	280～340	300～350	300～350

为了在踏步宽一定的情况下增加行走舒适度,常将踏步出挑 20～30 mm,使踏步的实际宽度大于其水平投影宽度(图 8-5)。

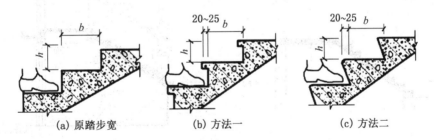

图 8-5　增加踏步宽度的方法

（五）楼梯栏杆扶手的尺度

楼梯栏杆扶手的高度,指踏面至扶手顶面的垂直距离。楼梯扶手的高度与楼梯的坡度、楼梯的使用要求有关。30°左右的坡度常采用 900 mm;儿童使用的楼梯一般为 600 mm。一般室内楼梯≥900 mm,通常取 1 000 mm;靠梯井一侧水平栏杆长度>500 mm、高度≥1 000 mm,室外楼梯栏杆高≥1 050 mm。高层建筑的栏杆高度应再适当提高,但不宜超过 1 200 mm。

（六）楼梯的净空高度

楼梯的净空高度包括楼梯段间的净高和平台上的净空高度。楼梯段间的净高是指梯段空间的最小高度,即下层梯段踏步前缘至其正上方梯段下表面的垂直距离。梯段间的净高与人体尺度、楼梯的坡度有关。

平台过道处的净高是指平台过道地面至上部结构最低点（通常为平台梁）的垂直距离。在确定这两个净高时，应充分考虑人们肩扛物品对空间的实际需要，避免碰头。楼梯段间净高不应小于 2.2 m；平台过道处净高不应小于 2.0 m；起止踏步前缘与顶部凸出物内边缘线的水平距离不应小于 300 mm(图 8-6)。

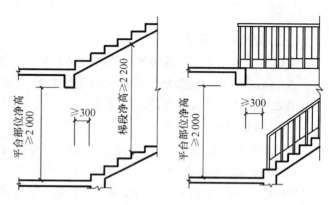

图 8-6　梯段及平台部位净高要求

平台下过人净空高度不够时，可采取以下几种处理措施：

(1) 底层直跑或不设置平台梁[图 8-7(a)]。这种方法可以加大楼梯间进深。

(2) 局部降低地坪。注意降低后的中间平台下地坪标高仍应高于室外地坪标高，防止雨水倒溢[图 8-7(b)]。

(3) 底层长短跑[图 8-7(c)]。

(4) 底层长短跑并局部降低地坪[图 8-7(d)]。

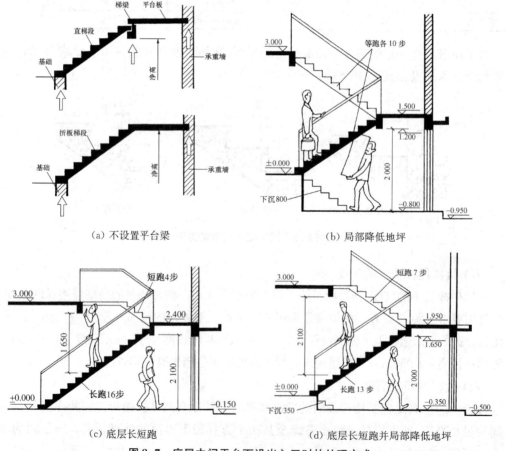

（a）不设置平台梁　　　　　　　　　　（b）局部降低地坪

（c）底层长短跑　　　　　　　　　　（d）底层长短跑并局部降低地坪

图 8-7　底层中间平台下设出入口时的处理方式

第二节　钢筋混凝土楼梯

楼梯是建筑中重要的安全疏散设施,对自身的耐火性能要求较高。钢材是非燃烧体,但受热后易变形,一般要经过特殊的防火处理后,才能用于制作楼梯。钢筋混凝土的耐火和耐久性能均好于木材和钢材,在民用建筑中应用广泛。按施工方法不同,钢筋混凝土楼梯可分为现浇楼梯和预制装配式楼梯两大类。

预制装配式钢筋混凝土楼梯消耗钢材量大、安装构造复杂、整体性差、不利于抗震,在实际使用中较少,目前建筑中多采用现浇钢筋混凝土楼梯。

一、现浇钢筋混凝土楼梯

现浇钢筋混凝土楼梯是把楼梯段和平台整体浇注在一起的楼梯,整体性好、刚度大、抗震性能好,不需要大型起重设备,但施工进度慢、耗费模板多、施工程序较复杂。根据传力与结构形式的不同,分成板式和梁板式楼梯两种。

(一) 板式楼梯

板式楼梯的梯段分别与两端的平台梁整浇在一起,由平台梁支承。梯段相当于是一块斜放的现浇板,平台梁是支座[图8-8(a)]。梯段内的受力钢筋沿梯段的长向布置,平台梁的间距即为梯段板的跨度。板式楼梯适用于荷载较小、建筑层高较小的情况,如住宅、宿舍建筑。板式楼梯梯段的底面平整、美观,便于装饰。

为保证平台过道处的净空高度,可在板式楼梯的局部位置取消平台梁,形成折板式楼梯[图8-8(b)],此时板的跨度为梯段水平投影长度与平台深度之和。

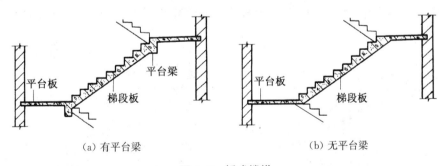

(a) 有平台梁　　　　　　　　　　　　(b) 无平台梁

图8-8　板式楼梯

近年来出现了一种造型新颖、具有空间感的悬臂板式楼梯,特点是楼梯梯段和平台均无支承,完全靠上下梯段和平台组成的空间结构与上下层楼板共同受力(图8-9)。

(二) 梁板式楼梯

现浇梁板式楼梯由踏步、楼梯斜梁、平台梁和平台板组成。在楼梯段两侧设有斜梁,斜梁搭在平台梁上。荷载由踏步板经由斜梁再传到平台梁上,通过平台梁传给墙或柱。梁板式楼梯在结构上有双梁布置和单梁布置之分。

1. 双梁式梯段

将梯段斜梁布置在踏步的两端,这时踏步板的跨度便是梯段的宽度,也就是楼梯段斜梁间的距离。

（1）正梁式

梯梁在踏步板之下,踏步板外露,又称为明步。形式较为明快,但在板下露出的梁的阴角容易积灰[图 8-10(a)]。

（2）反梁式

梯梁在踏步板之上,形成反梁,踏步包在里面,又称为暗步。暗步楼梯段底面平整,洗刷楼梯时污水不致污染楼梯底面,但梯梁占去了一部分梯段宽度[图 8-10(b)]。

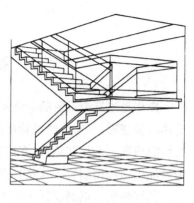

图 8-9　悬臂板式楼梯的梯段

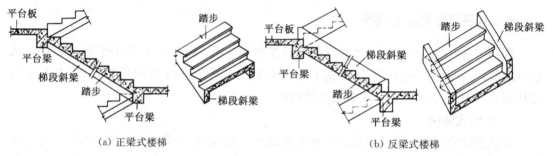

（a）正梁式楼梯　　　　　　　　　　（b）反梁式楼梯

图 8-10　梁板式楼梯

2. 单梁式梯段

（1）单梁悬臂式楼梯

将梯段斜梁布置在踏步的一端,而踏步另一端向外悬臂挑出(图 8-11)。

（2）单梁挑板式楼梯

将梯段斜梁布置在踏步的中间,让踏步从梁的两端挑出(图 8-12)。

图 8-11　单梁悬臂式楼梯

图 8-12　单梁挑板式楼梯

二、预制装配式钢筋混凝土楼梯

预制装配式钢筋混凝土楼梯根据生产、运输、吊装和建筑体系的不同,有多种不同的构造形式。根据组成楼梯的构件尺寸及装配的程度,可分为小型构件装配式和中大型构件装配式两大类。

(一) 小型构件装配式楼梯

把楼梯的组成部分划分为若干构件,每一构件体积小、重量轻、易于制作、便于运输和安装。但安装时件数较多,施工工序多,现场作业多,施工速度较慢。适用于施工过程中没有吊装设备或只有小型吊装设备的建筑。

小型构件包括踏步板、梯斜梁、平台梁、平台板等。支撑方式主要有梁承式、墙承式和悬臂式三种。

1. 梁承式

预制装配梁承式钢筋混凝土楼梯是梯段由平台梁支承的楼梯构造方式。预制构件可按梯段(梁板式或板式)、平台梁、平台板三部分进行划分。有一字形踏步与锯齿形梯梁组合[图 8-13(a)];L 形踏步与锯齿形梯梁组合[图 8-13(b)];三角形踏步与矩形梯梁组合[图 8-13(c)];三角形(空心)踏步与 L 形梯梁组合[图 8-13(d)]。

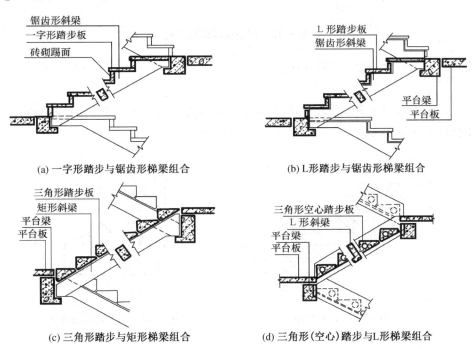

(a) 一字形踏步与锯齿形梯梁组合　　　　(b) L形踏步与锯齿形梯梁组合

(c) 三角形踏步与矩形梯梁组合　　　　(d) 三角形(空心)踏步与L形梯梁组合

图 8-13　预制装配梁承式楼梯

(1) 梯段

梯段分为梁板式梯段和板式梯段两种。

梁板式梯段由踏步板和梯斜梁组成。一般在踏步板两端各设一根梯斜梁,踏步板支承在梯斜梁上。由于构件小型化,不需大型起重设备即可安装,施工简便。

踏步板断面形式有一字形[图 8-14(a)]、正 L 形[图 8-14(b)]、倒 L 形[图 8-14(c)]、三角形[图 8-14(d)]等。

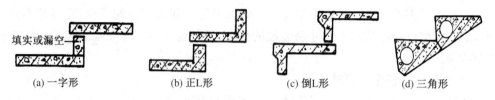

填实或漏空

(a) 一字形   (b) 正L形   (c) 倒L形   (d) 三角形

图 8-14 踏步板的形式

梯斜梁用于搁置一字形、L 形断面踏步板的梯斜梁为锯齿形断面构件。用于搁置三角形断面踏步板的梯斜梁为等断面构件(图 8-15)。

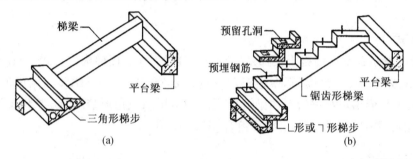

图 8-15 预制梯斜梁的形式

板式梯段为整块或数块带踏步条板(图 8-16)。

(2) 平台梁

为了便于支承梯斜梁或梯段板,平衡梯段水平分力并减少平台梁所占结构空间,一般将平台梁做成 L 形断面,如图 8-17 所示为平台梁断面尺寸。

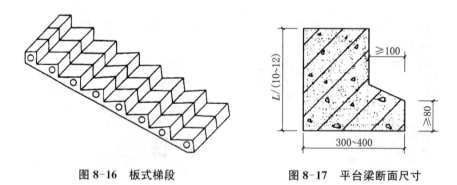

图 8-16 板式梯段   图 8-17 平台梁断面尺寸

(3) 平台板

平台板根据需要可采用钢筋混凝土空心板、槽板或平板,其布置形式有两种:平台板与平台梁平行布置或平台板与平台梁垂直布置(图 8-18)。

(4) 构件连接构造

踏步板与梯斜梁连接,在梯斜梁支承踏步板处用水泥砂浆坐浆连接。如需加强,可在梯斜梁上预埋插筋,与踏步板支承端预留孔插接,用高标号水泥砂浆填实。

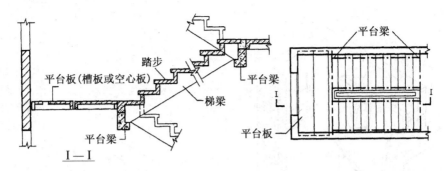

（a）平台板与平台梁平行布置

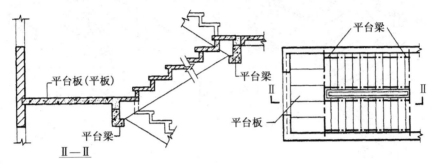

（b）平台板与平台梁垂直布置

图 8-18　梁承式梯段与平台的结构布置

梯斜梁或梯段板与平台梁连接，在支座处除了用水泥砂浆坐浆外，应在连接端预埋钢板进行焊接。

梯斜梁或梯段板与梯基连接，在楼梯底层起步处，梯斜梁或梯段板下应作梯基，梯基常用砖或混凝土，也可用平台梁代替梯基，但须注意该平台梁无梯段处与地坪的关系。

2. 墙承式

预制装配墙承式钢筋混凝土楼梯是指预制钢筋混凝土踏步板直接搁置在墙上的一种楼梯形式，踏步板一般采用一字形、L 形断面。

这种楼梯由于在梯段之间有墙，搬运家具不方便，也阻挡视线，上下人流易相撞，通常在中间墙上开设观察口，使上下人流视线通畅（图 8-19）。也可将中间墙两端靠平台部分局部收进，以使空间通透，有利于改善视线和搬运家具物品。但这种方式对抗震不利，施工也较复杂。

3. 悬臂式

预制装配墙悬臂式钢筋混凝土楼梯是指预制钢筋混凝土踏步板一端嵌固于楼梯间侧墙上，另一端凌空悬挑的楼梯形式（图 8-20）。

预制装配墙悬臂式钢筋混凝土楼梯用于嵌固踏步板的墙体厚度不应小于 240 mm，踏步板悬挑长度一般≤1 800 mm。踏步板一般采用 L 形带肋断面形式，其入墙嵌固端一般做成矩形断面，嵌入深度 240 mm。

（二）中大型构件装配式楼梯

从小型构件改为中大型构件，可以减少预制构配件的数量和种类，对于简化施工过程、提高工作效率、减轻劳动强度等有好处。

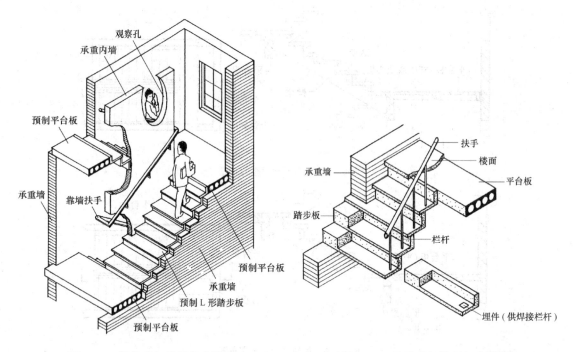

图 8-19　墙承式钢筋混凝土楼梯　　　　图 8-20　悬臂式钢筋混凝土楼梯

1. 中型构件装配式楼梯

中型构件装配式楼梯一般由楼梯段和带平台梁的平台板两个构件组成。按其结构形式不同分为板式梯段和梁板式梯段两种。

板式梯段为预制整体梯段板，两端搁在平台梁出挑的部位上，将梯段荷载直接传给平台梁，有实心和空心两种[图 8-21(a)]。梁式梯段由踏步板和梯梁共同组成一个构件[图 8-21(b)]。

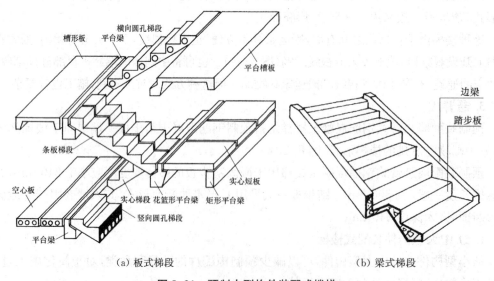

（a）板式梯段　　　　　　（b）梁式梯段

图 8-21　预制中型构件装配式楼梯

中型构件装配式楼梯安装时,将梯段的两端搁置在L形平台梁上,安装前应先在平台梁上坐浆,使构件间的接触面贴紧,受力均匀。预埋件焊接处理,或将梯段预留孔套接在平台梁的预埋铁件上。孔内用水泥砂浆填实的方式,将梯段与平台梁连接在一起。

2. 大型构件装配式楼梯

大型构件装配式楼梯是把整个梯段和平台预制成一个构件。按结构形式不同,有板式楼梯和梁板式楼梯两种(图8-22)。其优点是构件数量少,装配化程度高,施工速度快。但施工时需要大型的起重运输设备。

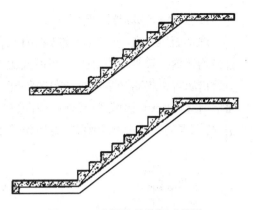

图8-22 大型构件装配式楼梯

第三节 楼梯的细部构造

一、踏步的构成及防滑处理

(一) 踏步的构成及面层类型

踏步由踏面和踢面构成。踏面最容易受到磨损,影响行走和美观,所以踏面应耐磨、防滑、便于清洗,有较强的装饰性。楼梯踏面材料一般与门厅或走道的地面材料一致,常用的有水泥砂浆、水磨石、大理石、地砖和缸砖等(图8-23)。

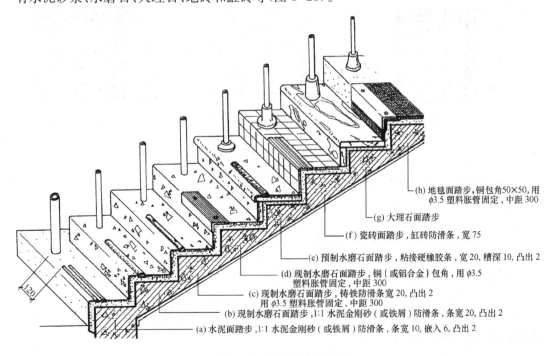

(h) 地毯面踏步,铜包角50×50,用φ3.5塑料胀管固定,中距300

(g) 大理石面踏步

(f) 瓷砖面踏步,缸砖防滑条,宽75

(e) 预制水磨石面踏步,粘接硬橡胶条,宽20,槽深10,凸出2

(d) 现制水磨石面踏步,铜(或铝合金)包角,用φ3.5塑料胀管固定,中距300

(c) 现制水磨石面踏步,铸铁防滑条宽20,凸出2用φ3.5塑料胀管固定,中距300

(b) 现制水磨石面踏步,1:1水泥金刚砂(或铁屑)防滑条,条宽20,凸出2

(a) 水泥面踏步,1:1水泥金刚砂(或铁屑)防滑条,条宽10,嵌入6,凸出2

图8-23 踏步面层的类型

(二) 踏步的防滑处理

踏步面层光滑,行人容易滑跌,因此在踏步前缘应有防滑措施,尤其是人流较为集中的建筑物楼梯。踏步前缘是踏步磨损最厉害的部位,同时也容易受到其他硬物的破坏。设置防滑措施可以提高踏步前缘的耐磨程度,起到保护作用。常用的防滑措施:一种是在距踏步面层前缘 40 mm 处设 2~3 道防滑凹槽;另一种是在距踏步面层前缘 40~50 mm 处设防滑条,防滑条的材料可用金刚砂、金属条、陶瓷锦砖、橡胶条等(图 8-24)。

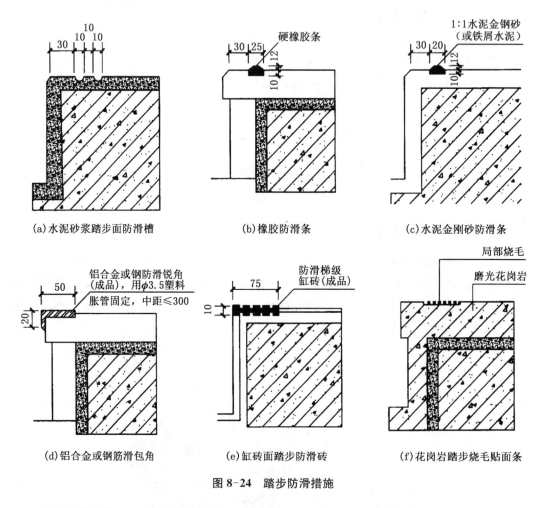

图 8-24 踏步防滑措施

底层楼梯的第一个踏步常做成特殊的样式,或方或圆,以增加美观性。栏杆或栏板也可变化,增加多样性(图 8-25)。

二、栏杆(板)、扶手的形式与构造

栏杆(板)是楼梯中保护行人上下安全的围护措施。

(一) 栏杆

栏杆多采用方钢、圆钢、钢管或扁钢等材料,并可焊接或铆接成各种图案,既起防护作用,又起装饰作用(图 8-26)。

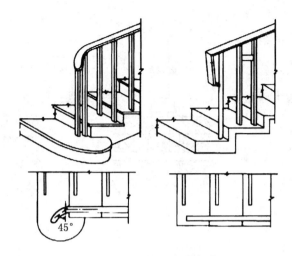

图 8-25　底层第一个踏步详图

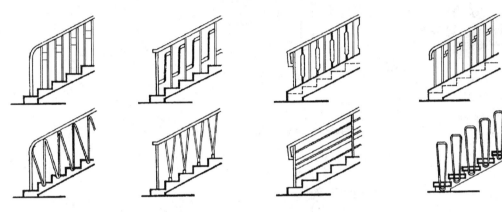

图 8-26　栏杆的形式

栏杆与楼梯段连接方法如下。

（1）埋铁件焊接：将栏杆的立杆与楼梯段中预埋的钢板或套管焊接在一起。

（2）预留孔洞插接：将栏杆的立杆端部做成开脚或倒刺插入楼梯段预留的孔洞，用水泥砂浆或细石混凝土填实。

（3）螺栓连接：用螺栓将栏杆固定在梯段上，固定方法有若干种，如用板底螺帽栓紧贯穿踏板的栏杆等。

具体做法如图 8-27 所示。

（二）栏板

栏板是用实体材料构成的，由钢筋混凝土、加筋砖砌体、有机玻璃、钢化玻璃等制作。钢筋混凝土栏板有预制和现浇两种。栏板构造如图 8-28 所示。

（1）砖砌栏板：当栏板厚度为 60 mm（即标准砖侧砌）时，外侧要用钢筋网加固，再用钢筋混凝土扶手与栏板连成整体。

（2）现浇钢筋混凝土楼梯栏板：经支模、扎筋后，与梯段整浇。

（3）预制钢筋混凝土楼梯栏板：用预埋钢板焊接。

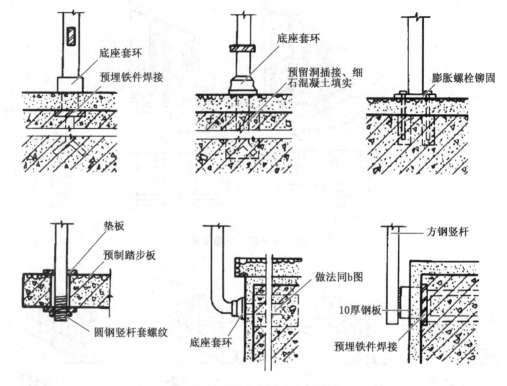

图 8-27　栏杆与楼梯段连接方法

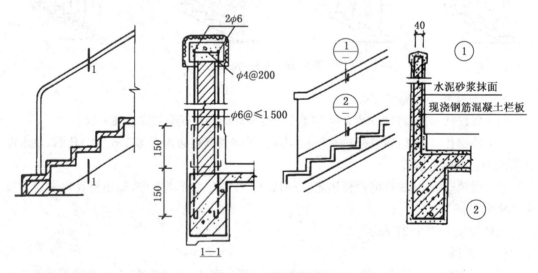

图 8-28　栏板的构造

(三) 混合式

混合式是指空花式与栏板式两种栏杆形式的组合。栏杆竖杆作为主要抗侧力构件,栏板则作为防护和美观装饰构件。栏杆竖杆常采用钢材或不锈钢等材料,栏板部分常采用轻质美观材料制作,如木板、塑料贴面板、铝板、有机玻璃板和钢化玻璃板等(图 8-29)。

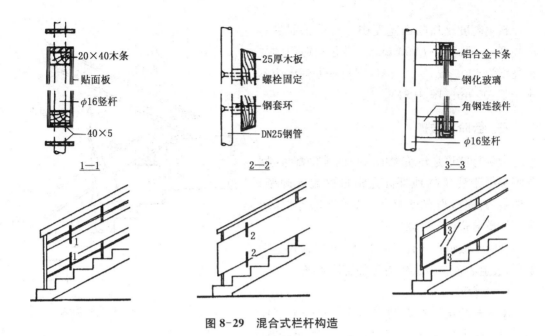

图 8-29 混合式栏杆构造

(四) 扶手

楼梯扶手按材料分有木扶手、金属扶手、塑料扶手等;按构造分有漏空栏杆扶手、栏板扶手和靠墙扶手等。

木扶手、塑料扶手通过木螺丝穿过扁铁与镂空栏杆连接;金属扶手通过焊接或螺钉连接;靠墙扶手则由预埋铁脚的扁钢和木螺丝来固定。栏板上的扶手多采用抹水泥砂浆或水磨石粉面的处理方式(图 8-30)。

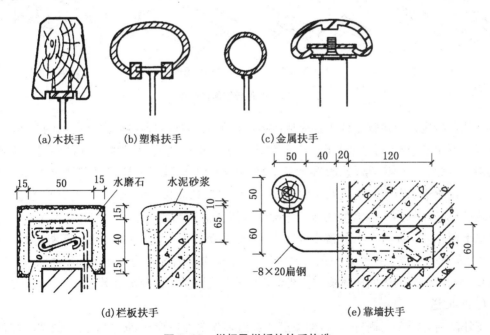

图 8-30 栏杆及栏板的扶手构造

扶手高度是指踏面宽度中点至扶手面的竖向高度，一般高度为900 mm。供儿童使用的扶手高度为600 mm，室外楼梯栏杆、扶手高度应不小于1 100 mm(图8-31)。

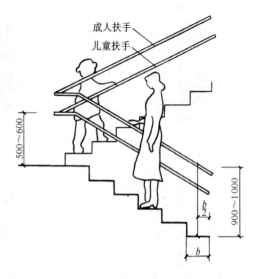

图8-31　扶手的高度要求

三、台阶与坡道

台阶与坡道是建筑物出入口的辅助配件，用于解决由于建筑物地坪高差形成的出入问题。一般多用台阶，当有车辆出入或高差较小时，可采用坡道形式(图8-32)。

台阶与坡道位于建筑物外部，面层材料必须防滑，坡道表面常做成锯齿形或带防滑条。

(一)台阶

室外台阶由平台和踏步组成。平台面应比门洞口每边宽出500 mm左右，并比室内地面低20～50 mm，向外做出约1%的排水坡度。因其处在建筑物人流较为集中的出入口处，坡度应较缓。台阶踏步宽一般为300～400 mm，高度值不超过150 mm。当台阶高度超过1 m时，宜设置护栏设施。

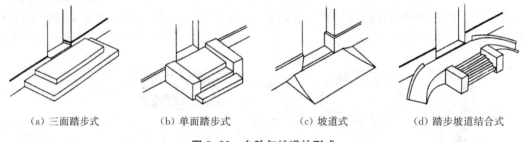

(a)三面踏步式　　　(b)单面踏步式　　　(c)坡道式　　　(d)踏步坡道结合式

图8-32　台阶与坡道的形式

室外台阶应在建筑物主体工程完成后再进行施工，并与主体结构之间留出约10 mm的沉降缝。台阶易受雨水侵蚀、日晒、霜冻等影响，其面材应考虑用防滑、抗风化、抗冻融强的材料制作，如水泥砂浆面层、水磨石面层、防滑地砖面层、斩假石面层、天然石材面层等。

室外台阶是建筑出入口处及室内外高差之间的交通联系部件，属于垂直交通设施之一。其位置明显，人流量大，须慎重处理。一般不直接紧靠门口设置台阶，应在出入口前留1 m宽以上平台作为缓冲。在人员密集的公共场所、观众厅的入场门口、太平门等处，紧靠门口1.4 m范围内不应设置踏步。室内外高差较小，不经常开启的外门可在距外墙面0.3 m以外设踏步。入口平台的表面应做成向室外倾斜1%～4%的坡度，利于排水。

(二)坡道

室外门前为便于车辆进出，常作坡道。坡道多为单面坡形式，极少数为三面坡。坡道坡度应有利于车辆通行，一般为1/12～1/6。有些大型公共建筑，为考虑汽车能在大门入口处通行,常采用台阶与坡道相结合的形式,即台阶与坡道同时应用,平台左右设置坡道,正面做台阶。

1. 坡道的分类

坡道按照其用途的不同,可以分成行车坡道和轮椅坡道两类。

行车坡道分为普通行车坡道与回车坡道两种(图8-33)。普通行车坡道布置在有车辆进出的建筑入口处,如车库、库房等。回车坡道与台阶踏步组合在一起,布置在大型公共建筑的入口处,如办公楼、旅馆、医院等。轮椅坡道设计是供无障碍使用的。

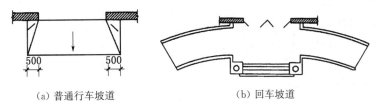

(a) 普通行车坡道　　　　　　　　　(b) 回车坡道

图8-33　行车坡道

2. 坡道的尺寸和坡度

普通行车坡道的宽度应大于所连通的门洞口宽度,一般每边≥500 mm。坡道的坡度与建筑的室内外高差及坡道的面层处理方法有关。光滑材料坡道≤1:12;粗糙材料坡道(包括设置防滑条的坡道)≤1:6;带防滑齿坡道≤1:4。

回车坡道的宽度与坡道半径及车辆规格有关,坡道的坡度应≤1:10。供无障碍使用的坡道的宽度不应小于0.9 m。

3. 坡道的构造

坡道的构造与台阶基本相同,垫层的强度和厚度应根据坡道上的荷载来确定,季节冰冻地区的坡道需在垫层下设置非冻胀层(图8-34)。

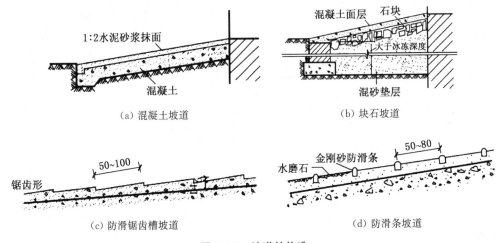

(a) 混凝土坡道　　　　　　　　　　(b) 块石坡道

(c) 防滑锯齿槽坡道　　　　　　　　(d) 防滑条坡道

图8-34　坡道的构造

第四节 电梯与自动扶梯

一、电梯

(一) 电梯的类型

1. 按使用性质分类

(1) 客梯：主要用于人们在建筑物中的垂直交通。

(2) 货梯：主要用于运送货物及设备。

(3) 消防电梯：用于发生火灾、爆炸等紧急情况下消防人员紧急救援使用。

2. 按电梯行驶速度分类

(1) 高速电梯：速度大于 2 m/s，消防电梯常用高速电梯。

(2) 中速电梯：速度在 2 m/s 之内，一般货梯按中速考虑。

(3) 低速电梯：运送食物电梯常用低速，速度在 1.5 m/s 以内。

(二) 电梯的组成

1. 电梯井道

电梯井道是电梯运行的通道。井道内包括出入口、电梯轿厢、导轨、导轨撑架、平衡锤及缓冲器等。井道必须保证所需的垂直度和规定的内径，保证设备安装及运行不受妨碍。电梯井道要考虑防火、隔声、防震、通风要求。井道内为了安装、检修和缓冲，上下均应留有必要的空间(图 8-35)。

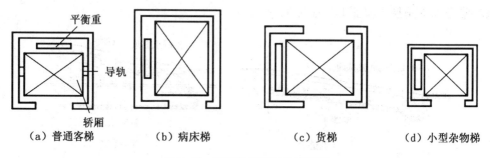

(a) 普通客梯　　　　(b) 病床梯　　　　(c) 货梯　　　　(d) 小型杂物梯

图 8-35　电梯的类型与井道平面

2. 电梯机房

电梯机房一般设在井道的顶部。机房和井道的平面相对位置允许机房任意向两个相邻方向伸出 600 mm 以上宽度，并满足机房有关设备安装的要求。机房楼板应按机器设备要求的部位预留孔洞。

3. 井道地坑

井道地坑在最底层平面标高以下至少留有 1.4 m 以上的距离，作为轿厢下降时缓冲器的安装空间。

4. 组成电梯的有关部件

（1）轿厢是直接载人、运货的厢体。电梯轿厢应造型美观，经久耐用，轿厢多采用金属框架结构，内部用光洁有色钢板或有色有孔钢板壁面、花格钢板地面以及不锈钢操纵板等。入口处用钢材或坚硬铝材制成的电梯门槛。

（2）井壁导轨和导轨支架是支承、固定轿厢上下升降的轨道。

（3）牵引轮及钢支架、钢丝绳、平衡锤、轿厢开关门、检修起重吊钩等。

（4）电器部件有交流电动机、直流电动机、控制柜、继电器、选层器、动力装置、照明装置、电源开关、厅外层数指示灯和厅外上下召唤盒开关等。

具体如图 8-36 所示。

（三）电梯相关部位的构造要求

1. 井道、机房的一般要求

（1）通向机房的通道和楼梯宽度不小于 1.2 m，楼梯坡度不大于 45°。

（2）机房楼板应平坦整洁，能承受 6 kPa 的均布荷载。

（3）井道壁多为钢筋混凝土井壁或框架填充墙井壁。井道壁为钢筋混凝土时，应预留 150 mm 见方，150 mm 深孔洞，垂直中距 2 m，以便安装支架。

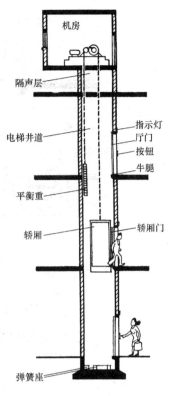

图 8-36　组成电梯的有关构件

（4）框架（圈梁）上应预埋铁板，铁板后面的焊件与梁中钢筋焊牢。每层中间加圈梁一道，并须设置预埋铁板。

（5）电梯为两台并列时，中间可不用隔墙，按一定的间隔放置钢筋混凝土梁或型钢过梁，以便安装支架。

2. 电梯导轨支架的安装要求

安装导轨支架有预留孔插入式和预埋铁件焊接式。

二、自动扶梯

自动扶梯用于有大量人流出入的公共建筑中，其坡度比较平缓，运行速度为 0.5～0.7 m/s，宽度有单人和双人两种。

自动扶梯运行原理是采取机电系统技术，由电动马达变速器以及安全制动器所组成的推动单元拖动两条环链，每级踏步板都与环链连接，通过链轮的滚动，踏板便沿主构架中的轨道循环运转，在踏板上面的扶手带与踏板同步运转。

机房悬挂在楼板下面，楼层下做外装饰处理，底层做地坑处理好防水。机房上部自动扶梯的入口处，应做活动地板，利于检修（图 8-37）。

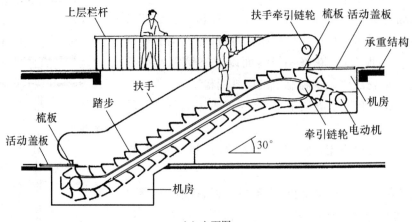

（a）立面图

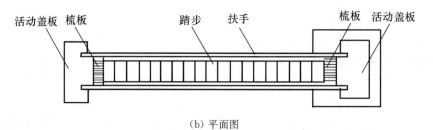

（b）平面图

图 8-37　自动扶梯示意图

【课后思考题】

1. 楼梯的组成部分有哪些？各组成部分分别有何要求？

2. 楼梯的坡度为多少？楼梯踏步尺寸如何确定？

3. 楼梯段宽度由哪些因素决定？楼梯的净空高度有何规定？

4. 现浇整体式钢筋混凝土楼梯常见的结构形式有哪些？各有何特点？

5. 小型构件装配式钢筋混凝土楼梯的构件有哪些？常用的结构形式有哪几种？

6. 楼梯踏步面层防滑处理的措施有哪些？简述楼梯栏杆与踏步的连接方法。

7. 简述楼梯段与楼梯基础的连接构造方法。

第九章 门 与 窗

通过本章的学习,熟悉门、窗的分类及作用;掌握平开门、窗的组成和各部分构造;了解塑钢窗,铝合金门、窗的组成和基本构造原理。

1. 了解门窗的分类、特点及适用范围。
2. 掌握门窗的构造。
3. 了解遮阳的形式及适用范围。

1. 能根据给定条件进行门窗设计。
2. 能绘制门窗的构造及详图。

第一节 门、窗的作用与分类

一、门窗的作用

门和窗是建筑物的重要组成部分,也是主要围护构件之一。门和窗虽不具备结构方面的功能,但对保证建筑物正常、安全、舒适地使用有很大的作用。

门的主要作用是交通联系、紧急疏散,兼有采光、通风的作用。窗的主要作用是采光、通风、接受日照和供人眺望;门和窗位于外墙时,作为建筑物外墙的组成部分,对于建筑立面装饰和造型起着非常重要的作用。因此,门和窗除了要满足隔声保温、开启灵活、关闭紧密、坚固持久、便于清洗、造型美观等要求外,还要尽量符合建筑模数等方面的要求。

二、门的分类

(一) 按门在建筑物中所处的位置分类

分为内门和外门。内门位于内墙上,有分隔空间及隔声、隔视线的作用。外门位于外墙上,作用是围护、保温、隔热、隔声、防风雨等。

(二) 按门的材料分类

分为木门、铝合金门、塑钢门、钢门、玻璃门及混凝土门等。木门、铝合金门、塑钢门、玻璃门自重轻、开启方便、外观精美、加工方便,在民用建筑中被大量采用,混凝土门主要用于人防工程等特殊场合。

(三) 按门的使用功能分类

分为普通门和特殊门。普通门满足人们最基本的通行、分隔、保温等要求。特殊门则满足防盗、防火、防爆等特殊要求。

(四) 按门扇的开启方式分类

分为平开门、弹簧门、推拉门、折叠门、旋转门、卷帘门等(图 9-1)。

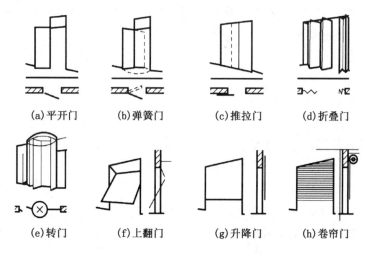

| (a)平开门 | (b)弹簧门 | (c)推拉门 | (d)折叠门 |
| (e)转门 | (f)上翻门 | (g)升降门 | (h)卷帘门 |

图 9-1　按门的开启方式分类

1. 平开门

门扇与门框用铰链连接,铰链安装在侧边,门扇水平开启,有单扇、双扇;内开、外开之分。安全疏散门一般外开,开向疏散方向;普通房间门一般向房间内开,以免妨碍交通。平开门构造简单、开启灵活,安装和维修方便,是建筑中使用最广泛的门。

2. 弹簧门

门扇与门框用弹簧铰链连接,门扇水平开启,可单向或内外弹动,开启后可自动关闭,适用于人流较多或有自动关闭要求的建筑,如商店、医院、会议厅等。弹簧门一般应安装玻璃,以免相互碰撞。弹簧门可以分为单面弹簧、双面弹簧、地弹簧。幼儿园、托儿所等建筑中不宜采用弹簧门。

3. 推拉门

门扇沿设置在门上部或下部的轨道左右滑移来开合,有单扇和双扇之分,有普通推拉门、电动及感应推拉门等。推拉门开启时不占空间,受力合理,不易变形,多用作分隔室内空间的轻便门和公共建筑的外门。

4. 折叠门

门扇由一组宽度约为 600 mm 的窄门扇组成,窄门扇之间用铰链连接。简单的折叠门,可以只在侧边安装铰链,复杂的还要在门的上边或下边装导轨及转动五金配件。开启时,窄门扇相互折叠推移到侧边,构造复杂,占空间少,适用于宽度较大的门。

5. 旋转门

门扇由三扇或四扇通过中间的竖轴组合起来,在两侧的弧形门套内水平旋转来实现启闭。转门不论是否有人通行,均有门扇隔断室内外,对防止室内外空气对流有一定的作用,有利于室内的保温、隔热和防风沙。对建筑立面有较强的装饰性,适用于室内环境等级较高的公共建筑的大门,但其通行能力差,不能作为安全疏散门,需和弹簧门、平开门等组合使用。

6. 卷帘门

门扇由多片经冲压成型的金属页片相互连接而成,在门洞上部设置卷轴,通过将门帘上卷或放下来开关门洞口,特点是开启时不占使用空间,但加工制作复杂,造价较高,适用于商场、车库等建筑的大门。

三、窗的分类

(一) 按窗扇的开启方式分类

分为固定窗、平开窗、推拉窗、悬窗、立转窗、百叶窗等(图 9-2)。

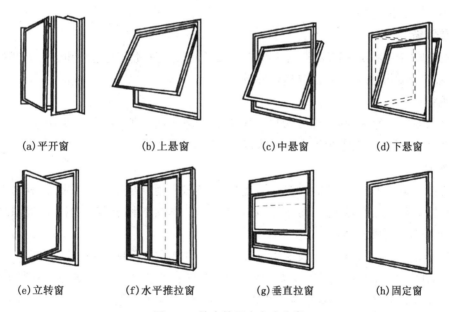

|(a)平开窗|(b)上悬窗|(c)中悬窗|(d)下悬窗|
|(e)立转窗|(f)水平推拉窗|(g)垂直拉窗|(h)固定窗|

图 9-2　按窗的开启方式分类

1. 固定窗

固定窗是将玻璃直接镶嵌在窗框上,不设可活动窗扇,只有采光、眺望的功能,不能开启通风,构造简单,密闭性好。

2. 平开窗

平开窗是将玻璃安装在窗扇上,窗扇一侧用铰链与窗框相连,窗扇可向外或向内水平开启,在建筑中应用最广泛。

3. 推拉窗

窗扇沿着导轨或滑槽推拉开启,有水平推拉窗和竖直提拉窗两种。其中水平推拉窗是常用的开启方式。推拉窗开启后不占室内空间,窗扇的受力状态好、构造简单、安全可靠,窗扇尺寸可较大,但通风面积受限制,多用于铝合金窗和塑钢窗。

4. 悬窗

窗扇绕水平轴转动的窗为悬窗,按照旋转轴的位置不同,可分为上悬窗、中悬窗和下悬窗。上悬窗和中悬窗向外开,防雨、通风效果好,开启方便,常用作门上的亮子和大面积幕墙中。下悬窗防雨性较差,且开启时占用较多的室内空间,多用于有特殊要求的房间。绕垂直中轴转动的窗为立转窗,这种窗通风效果好,但安装纱窗不便。

5. 百叶窗

一般用塑料、金属或木材等制成小板材,可以旋转开合、收拢,但采光率低,主要用作遮阳和通风。

(二) 按窗的框料材质分类

分为有铝合金窗、塑钢窗、钢窗、木窗等。

1. 铝合金窗

采用合金钢材制成,断面为空腹,是目前应用较多的窗型之一。铝合金窗颜色外观精美、质量轻、密闭性能好。

2. 塑钢窗

采用硬质塑料制成窗和窗扇,并用型钢加强而制成。其优点是密封和热工性能好、耐腐蚀,属于推广使用的窗型之一,发展前景良好。

3. 钢窗

用特殊断面的型钢制成,有实腹和空腹两类。钢窗强度高、断面小、坚固耐久、挡光少,但易生锈,需经常维护且密闭性和热工性较差,已基本不用。

4. 木窗

用经过干燥的不易变形的木材制成,是传统的窗型,优点是适合手工制作、构造简单、热工性能较好。缺点是不耐久、容易变形、防火性能差。木窗不利于节能,国家已经限制使用。

(三) 按窗的层数分类

分为单层、双层及双层中空玻璃窗等形式。单层窗构造简单、造价低,多用于一般建筑中。双层窗的保温、隔声、防尘效果好,用于对窗有较高功能要求的建筑中。双层中空玻璃窗由 4~12 mm 双层中空玻璃装在一个窗扇上制成,其保温、隔声性能良好,是目前节能型窗的首选类型。

(四) 按窗所选用的玻璃分类

分为普通平板玻璃、磨砂玻璃、压花玻璃、双层中空玻璃、三层中空玻璃、吸热玻璃、钢化玻璃等类型。普通平板玻璃生产简单、经济实用,目前使用最多,单块玻璃可选用 3 mm,5 mm,7 mm 等厚度。磨砂玻璃或压花玻璃可以遮挡或模糊视线。双层中空玻璃可以提高保温及隔声效果。为了提高强度和使用安全,可采用夹丝玻璃、钢化玻璃及有机玻璃。为了防晒,可选用吸热和热反射玻璃。

第二节 门 的 构 造

一、门的组成和尺度

(一) 门的组成

门一般由门框、门扇、腰窗、五金零件及附件组成(图9-3)。门框是门与墙体的连接部分,由门框上槛、门樘边框、中横框和中竖框组成。门扇一般由上、中、下冒头和边梃组成骨架,中间固定门芯板。腰窗俗称亮子、气窗,在门的上方,主要作用是辅助采光和通风,五金零件包括铰链、插销、门锁、拉手等,附件有贴脸板等。

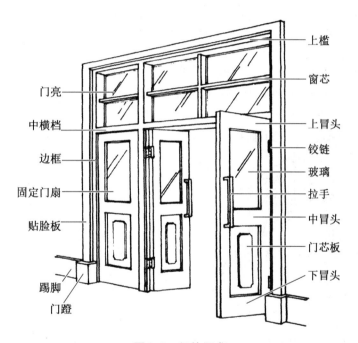

图9-3 门的组成

(二) 门的尺度

门的尺度是指门洞的高宽尺寸,应满足人流疏散,搬运家具、设备的要求,并应符合《建筑模数协调标准》(GB/T 50002—2013)的规定。一般情况下,门保证通行的高度不小于2 100 mm,当门的上方设亮子时,应加高300~600 mm。门的宽度应满足一个人通行,并考虑必要的间隙,一般为700~1 000 mm,通常设置为单扇门。当需要设置双扇门时,门宽一般为1 200~1 800 mm。对于人流量较大的公共建筑的门,其宽度应满足疏散要求,可设置两扇以上的门并可以视需要适当提高高度。辅助房间(如储藏室、厕所、浴室等)的门宽度较窄,一般为700~800 mm。

二、平开木门构造

(一)门框

门框的断面形状与尺寸取决于门扇的开启方式和门扇的层数。由于门框要承受各种撞击和自身的重量,应有足够的强度和刚度。平开门门框的断面形式及尺寸如图9-4所示。

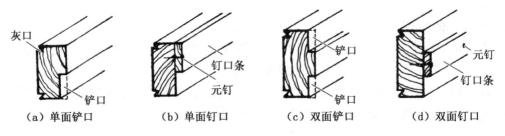

（a）单面铲口　　　　（b）单面钉口　　　　（c）双面铲口　　　　（d）双面钉口

图9-4　平开门门框的断面形式

门框的安装方法分立口和塞口两种(图9-5)。门框与墙体之间的缝隙一般用面层砂浆直接填塞或用贴脸板封盖,寒冷地区缝内应填毛毡、矿棉、沥青麻丝或聚乙烯泡沫塑料等。门框两边框的下端应埋入地面,设门槛时,门槛也应部分埋入地面。

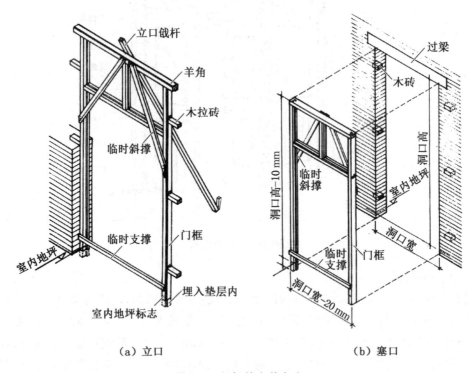

（a）立口　　　　　　　　　（b）塞口

图9-5　门框的安装方法

门框在洞口中的位置,根据门的开启方式不同分为外平、居中和内平三种(图9-6)。一般多与门扇开启方向一侧平齐,以便门扇开启后能贴近墙面。为了美观,门框与墙体的接缝处应用木压条盖缝,装修标准较高时,还可加设筒子板和贴脸(门套)。

（二）门扇

木门扇按门板的材料分为镶板门、全玻璃门、半玻璃门、纱门、百叶门、拼板门、夹板门等类型(图9-7)。

1. 镶板门

镶板门由上、中、下冒头和边梃组成骨架，中间镶嵌门芯板，门芯板可采用15 mm厚的木板拼接而成，也可采用细木工板、硬质纤维板或玻璃等。

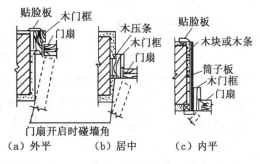

(a) 外平   (b) 居中   (c) 内平

图9-6 门框在洞口中的位置

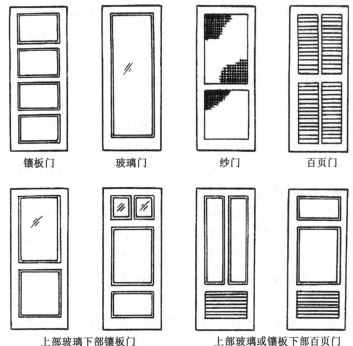

镶板门   玻璃门   纱门   百页门

上部玻璃下部镶板门   上部玻璃或镶板下部百页门

图9-7 门扇的类型

2. 拼板门

拼板门的构造与镶板门相同，由骨架和拼板组成，拼板用35～45 mm厚的木板拼接而成，自重较大，但坚固耐久，多用于库房、车间的外门。

3. 夹板门

夹板门是用小截面的木条(35 mm×50 mm)组成骨架，在骨架的两面铺钉胶合板或纤维板等。夹板门构造简单，自重轻、外形简洁，但不耐潮湿，多用于干燥环境中的内门。

（三）腰窗

腰窗构造同窗构造基本相同，一般采用中悬开启方法，也可用上悬、平开及固定窗形式。

（四）门的五金零件

门的五金零件主要有铰链、门锁、插销、拉手、门吸等。在选择时，铰链需特别注意强度，防止变形，影响门的使用，拉手须结合建筑装修进行选型。

三、铝合金门构造

铝合金门是常用门之一,其优缺点与铝合金窗类似。由铝合金门框、门扇、腰窗及五金零件组成,按门芯板的镶嵌材料有铝合金条板门、半玻璃门、全玻璃门等形式,主要有平开、弹簧、推拉三种开启方法(图9-8)。

铝合金门构造和铝合金窗一样,有国家标准图集,各地区也有相应的通用图集。

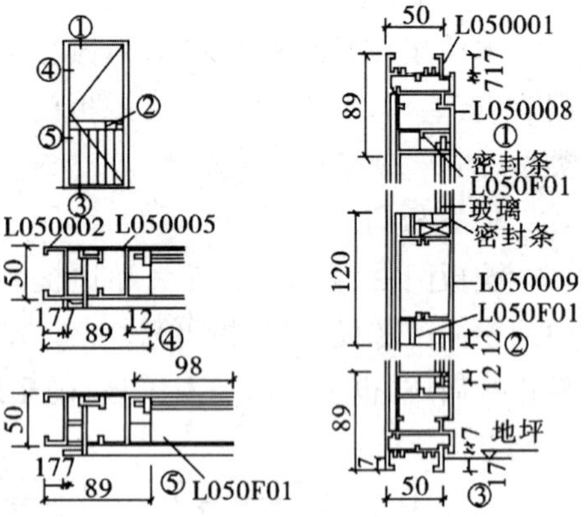

四、其他形式门构造

(一)旋转门构造

旋转门可分为普通旋转门和自动旋转门。普通旋转门手动旋转,自动旋转门用声波、微波或红外线传感装置和电脑控制系统相连,自动控制旋转。旋转门构造复杂,结构严密,防风保温效果好,能控制人流通行量,不适用于人流量大的场所,不能作为疏散门使用。旋转门两边必须设置平开疏散门,旋转门按圆形门罩内门扇的数量分为三扇式和四扇式;按材质分为铝合金、钢质、钢木结合三种类型。旋转门多设置在高档宾馆、酒店、银行、商厦、候机厅等场所。

(二)感应式电子自动门构造

感应式电子自动门是利用电脑、光电感应装置等高科技发展起来的一种新型高级自动门。它由传感部分、驱动操作部分和门体部分组成。传感部分是自动检测人体或通过人工操作将检测信号传给控制部分的装置。按照感应方式不同,感应式电子自动门可分为探测传感式和踏板传感式。驱动操作部分由驱动装置和控制装置构成。门体部分由门框、门扇、门楣及导轨组成。

感应式电子自动门具有运行平稳、动作协调、运行效率高、安全可靠、密闭性好、自动启闭、使用方便、节约能源等优点,多用于高层大厦等建筑外门。

全玻璃无框门通常采用10 mm以上厚度的平板玻璃、钢化玻璃板,按照一定规格加工后直接用作全玻璃无框门的玻璃门。玻璃的上部及下部用装饰框或直接用夹子固定,安装时地面须埋设地弹簧。全玻璃无框门区别于铝合金门、塑钢门等普通门最大的特点是它的门扇(玻璃)周边没有固定的边框。全玻璃无框门几乎是全透明的,因此其采光性好,可以任意组合使用。一般用于商场、酒店、办公等场所。

图9-8 铝合金平开门构造

第三节 窗 的 构 造

一、窗的组成和尺度

(一)窗的组成

窗一般由窗框、窗扇和五金零件组成(图9-9)。窗扇通过五金零件固定于窗框上,窗框是窗与墙体的连接部分,由上框、下框、边框、中横框和中竖框组成。窗扇是窗的主体部分,分为活动扇和固定扇两种,一般由上冒头、下冒头、边梃和窗芯组成骨架,中间固定玻璃、窗纱或百叶。五金零件包括铰链、插销、风钩、拉手、轨道、滑轮等。当建筑的室内装修标准较高时,窗洞口周围可增设贴脸、筒子板、压条、窗台板等附件。

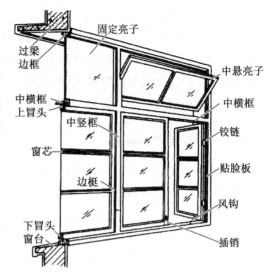

图 9-9 窗的构造

(二) 窗的尺度

窗的尺度应根据采光、通风的需要来确定,兼顾建筑造型和《建筑模数协调标准》(GB/T 50002—2013)的要求。按照门窗工业化定型生产及建筑模数要求,窗洞口尺寸宜采用3M 模数系列尺寸。当洞口尺寸较大时,可进一步优化窗扇的组合。

二、窗的位置和安装

(一) 窗在墙洞中的位置

窗在墙洞中的位置主要根据房间的使用要求和墙体的厚度来确定。

1. 窗框内平

窗框内表面与墙体装饰层内表面相平,窗扇开启时紧贴墙面,不占室内空间[图 9-10(a)]。

2. 窗框外平

这样做增加了内窗台的面积,但窗框的上部易进雨水,需在洞口上方加设雨篷,提高防水性能[图 9-10(b)]。

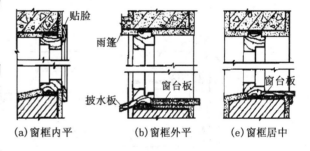

(a)窗框内平   (b)窗框外平   (e)窗框居中

图 9-10 窗框在墙洞中的位置

3. 窗框居中

窗框位于墙厚的中间或偏向室外一侧,下部留有内外窗台以利于排水[图 9-10(c)]。

(二) 窗框的安装

窗框的安装分为立口安装和塞口安装两种。

1. 立口安装

砌墙时将窗框立在相应的位置,找正后继续砌墙。这种安装方法能使窗框与墙体连接紧密,但安装窗框和砌墙两种工序相互交叉进行,会影响施工进度,且窗框在施工过程中容易受损。

2. 塞口安装

塞口安装又称后立口安装,是砌墙时将窗洞口预留出来,预留的洞口一般比窗框外尺寸大 30～40 mm 的空隙,当整幢建筑的墙体砌筑完工后,再将窗框塞入洞口固定。这种安装方法窗框与墙体之间的缝隙较大,应加强牢固性和对缝隙的密闭处理。目前,铝合金窗、塑钢窗等多采用塞口法进行安装,安装前用塑料保护膜包裹窗框,以防止施工中损害成品。

三、铝合金窗构造

以铝合金型材来做窗框和窗扇,重量轻、强度高、耐腐蚀、密封性较好、开闭轻便灵活、便于工业化生产。其框料还可通过表面着色、涂膜处理等获得多种色彩和花纹,具有良好的装饰效果,是建筑中使用的基本窗型。

铝合金窗多采用水平推拉式的开启方式,窗扇在窗框的轨道上滑动开启,窗扇与窗框之间用尼龙密封条进行密封,以避免金属材料间的相互摩擦。玻璃用专用密封条嵌固,卡在铝合金窗框料的凹槽内,并用橡胶压条固定(图 9-11)。

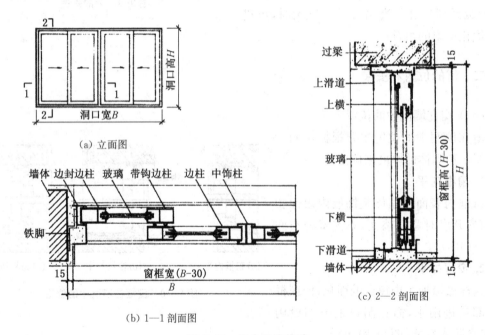

(a) 立面图

(b) 1—1 剖面图

(c) 2—2 剖面图

图 9-11 铝合金窗构造

窗框的安装一般采用塞口法。框与墙之间的缝隙大小视面层材料而定。一般情况下洞口做抹灰处理,其间隙不小于 20 mm。洞口采用石材、陶瓷面砖等贴面时,间隙可增大到 35～45 mm,并保证面层与框垂直相交处正好与窗扇边缘相吻合,不能将框遮盖。框体与墙体之间用预埋铁件、燕尾铁脚、膨胀螺栓、射钉固定等方式连接(图 9-12)。

四、塑钢窗构造

塑钢窗是用增强塑料 PVC 空腹型材做窗框及窗扇,在空腔中加入型钢加强的窗。塑钢窗强度高、密闭性好、隔音、隔热、防火、耐潮湿、耐腐蚀性能优越,使用耐久,应用广泛。

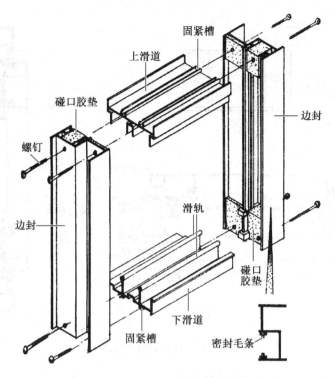

图 9-12 铝合金窗框与墙体的连接方式

塑钢窗主要有平开、推拉和上悬、中悬等开启方法。图 9-13 为平开塑钢窗构造,图9-14 为推拉塑钢窗构造。

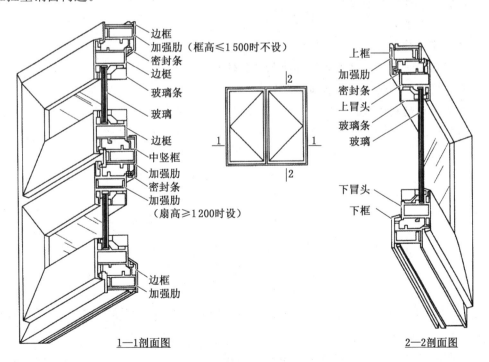

1—1剖面图　　　　　　　　　　　　　2—2剖面图

图 9-13 平开塑钢窗构造

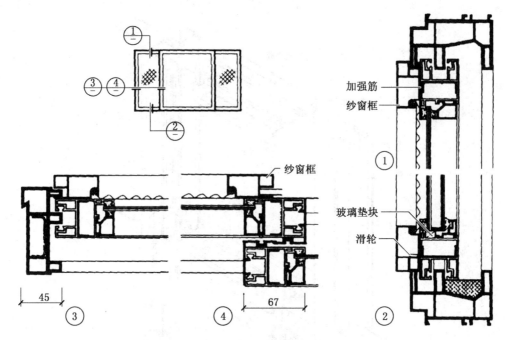

加强筋
纱窗框
纱窗框
玻璃垫块
滑轮

45

67

图 9-14　推拉塑钢窗构造

塑钢窗的安装构造与铝合金窗基本相同。

【课后思考题】

1. 门和窗的作用分别是什么?

2. 门有哪些种类?

3. 窗有哪些种类?

4. 窗框的安装有哪两种形式? 各有什么优缺点?

5. 塑钢窗有哪些优点? 其构造如何?

6. 平开木门的构造如何?

第十章 变 形 缝

通过本章的学习,了解建筑物变形缝的概念及分类;掌握变形缝的作用、设置原则及各类变形缝的宽度要求;了解变形缝在各种位置的构造处理方法。

知识目标

1. 掌握变形缝的概念及分类。
2. 掌握三种变形缝的设置要求及区别。
3. 掌握变形缝在基础、墙体、楼地面、屋顶等位置的构造。

能力目标

1. 能根据给定条件进行变形缝的设计。
2. 熟悉变形缝构造的设计及绘制。

第一节 变形缝的种类及设置原则

为防止建筑物在温度变化、地基不均匀沉降和地震等外界因素的作用下产生变形、开裂和破坏,在设计时预先将建筑物分成若干个独立的部分,使各部分能自由变形,这种将建筑物垂直分开的预留缝隙称为变形缝。

一、变形缝的种类

变形缝根据建筑物使用特点、结构形式、建筑材料及外界条件等,分为伸缩缝、沉降缝和防震缝三类。

(一)伸缩缝

又称温度缝,建筑在受到温度变化的影响时,将发生热胀冷缩的变形,这种变形受到约束,就会在房屋的某些构件中产生应力,导致其破坏。沿建筑物长度方向每隔一定距离或在结构变化较大处预留伸缩缝,将建筑物基础以上部分断开。基础因为受到温度变化的影响较小,不需断开。

（二）沉降缝

为防止建筑物因地基不均匀沉降引起破坏而设置的缝隙。沉降缝把建筑物分成若干个整体刚度较好,自成沉降体系的结构单元,以适应不均匀的沉降。沉降缝可兼伸缩缝的作用,但伸缩缝不能代替沉降缝,沉降缝在基础处需断开。

（三）防震缝

针对地震时容易产生集中应力引起建筑物结构断裂而设置的缝隙。对于地震烈度在6～9度的地震区,当房屋体型比较复杂时,如 L 形、T 形、工字形等,为防止建筑物各部分在地震时相互撞击引起破坏,抗震缝将建筑物划分成若干体型简单、结构刚度均匀的独立单元,以利于抗震。

二、变形缝设置的原则

（一）伸缩缝

伸缩缝的设置根据建筑物长度、结构类型和屋盖刚度以及屋面是否设保温或隔热层来考虑。最大间距为 50～75 m,缝宽为 20～30 mm,从基础顶部开始,将墙、楼板、屋顶全部断开。设计时应根据规范的规定设置(表 10-1、表 10-2)。

表 10-1　砌体房屋伸缩缝的最大间距　　　　　　　单位:m

砌体类别	屋顶或楼板层的类别		间距
各种砌体	整体式或装配整体式钢筋混凝土结构	有保温层或隔热层的屋顶、楼板层	50
		无保温层或隔热层的屋顶	40
	装配式无檩体系钢筋混凝土结构	有保温层或隔热层的屋顶、楼板层	60
		无保温层或隔热层的屋顶	50
	装配式有檩体系钢筋混凝土结构	有保温层或隔热层的屋顶、楼板层	75
		无保温层或隔热层的屋顶	60
黏土砖空心砖砌体	黏土瓦或石棉水泥瓦屋面木屋顶或楼板层砖石屋顶或楼板层		100
石砌体			80
硅酸盐砌块和混凝土砌块砌体			75

表 10-2　钢筋混凝土结构伸缩缝的最大间距　　　　　　　单位:m

结构类型		室内或土中	露天
排架结构	装配式	100	70
框架结构	装配式	75	50
	现浇式	55	35

（续表）

结构类型		室内或土中	露天
剪力墙结构	装配式	65	40
	现浇式	45	30
挡土墙、地下室墙等结构	装配式	40	30
	现浇式	30	20

（二）沉降缝

沉降缝设置在平面形状复杂、同一建筑物相邻部分的层数相差两层以上或层高相差超过 10 m、建筑物相邻部位荷载差异较大、连接部位比较薄弱处。为保证缝两侧单元上下变形的自由度,沉降缝要从基础底部到屋面全部断开。沉降缝宽度与地基和建筑高度有关,一般为 30~70 mm,可与伸缩缝合并使用,沉降缝的盖封条是断开的。设计时应根据规定设置(表 10-3)。

表 10-3 沉降缝的宽度

地基情况	建筑物高度	沉降缝的宽度/mm
一般地基	<5 m	30
	5~10 m	50
	10~15 m	70
软弱地基	2~3 层	50~80
	4~5 层	80~120
	6 层以上	>120
湿陷性黄土地基		≥30~70

（三）防震缝

在变形敏感部位设缝,将建筑物分为若干个体型规整、结构单一的单元,防止在地震波的作用下互相挤压、拉伸,造成变形破坏。

防震缝的宽度,在多层砖混结构中按抗震设防烈度的不同取 50~100 mm;在多层钢筋混凝土框架结构建筑中,建筑物的高度不超过 15 m 时防震缝宽度设为 70 mm。当建筑物高度超过 15 m 时,防震缝缝宽设置见表 10-4。

表 10-4 防震缝的宽度

抗震设防烈度	建筑物高度增加值/m	缝宽增加值
6 度	5	在 70 mm 基础上增加 20 mm
7 度	4	在 70 mm 基础上增加 20 mm
8 度	3	在 70 mm 基础上增加 20 mm
9 度	2	在 70 mm 基础上增加 20 mm

第二节 变形缝的构造

一、伸缩缝

(一) 墙体

伸缩缝的形式有平缝、错口缝(高低缝)、企口缝(凹凸缝),如图 10-1 所示。缝内一般填沥青麻丝或木丝板、油膏、泡沫塑料条、橡胶条等有弹性的防水轻质材料。盖缝处理应保证结构在水平方向自由变形而不破坏。外墙面用镀锌铁皮、彩色薄钢板、铝皮等金属调节片做盖缝处理,内墙面选用金属片、塑料片或木盖缝条覆盖(图 10-2)。

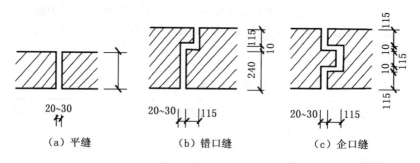

（a）平缝　　　　（b）错口缝　　　　（c）企口缝

图 10-1 砖墙伸缩缝的截面形式

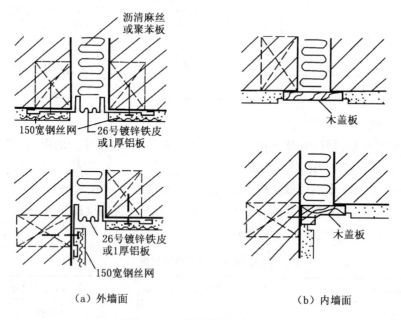

（a）外墙面　　　　　　　（b）内墙面

图 10-2 伸缩缝墙面的构造

(二) 楼板和地坪

楼地层伸缩缝的位置与缝宽大小应与墙身和屋顶变形缝一致。常用可压缩变形的材料

（如油膏、沥青麻丝、橡胶、金属或塑料调节片等）做封缝处理,上铺活动盖板或橡塑地板(图10-3、图10-4)。

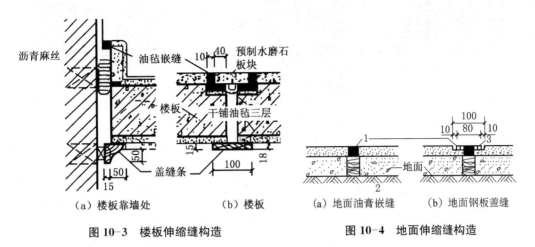

图 10-3　楼板伸缩缝构造　　　　图 10-4　地面伸缩缝构造

（三）屋顶

屋面伸缩缝的位置、缝宽大小与墙身和屋顶变形缝一致,处理方式基本相同。特别注意构造要与伸缩缝水平运动趋势协调一致。盖板处因镀锌铁皮和防腐木砖的寿命有限,近年来逐渐采用涂层、涂塑薄钢板、铝皮、不锈钢皮和射钉、膨胀螺钉等来代替(图10-5)。

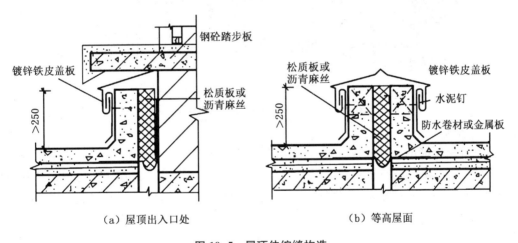

（a）屋顶出入口处　　　　　　　（b）等高屋面

图 10-5　屋顶伸缩缝构造

二、沉降缝

（一）墙体

墙体沉降缝的构造与伸缩缝构造基本相同,不同之处是调节片或盖板由两片组成,并且分别固定,保证两侧结构在竖向能各自灵活运动,不受约束(图10-6)。

（二）屋面

屋面沉降缝的构造与伸缩缝构造的区别主要在于盖缝处理(图10-7)。

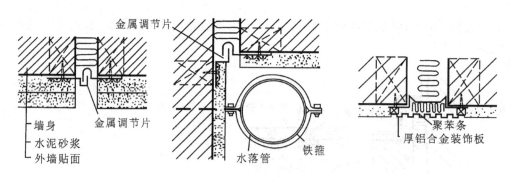

图 10-6 墙体处沉降缝构造

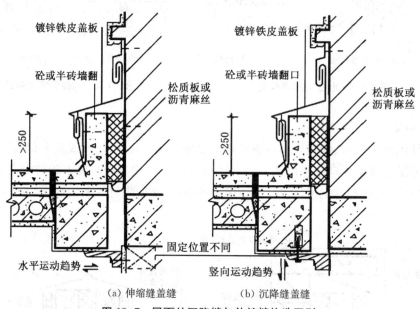

（a）伸缩缝盖缝　　　　（b）沉降缝盖缝

图 10-7 屋面处沉降缝与伸缩缝构造区别

（三）基础

基础处沉降缝的处理方式主要有双墙式、挑梁式和交叉式三种。双墙式适用于基础荷载较小的房屋（图 10-8）；挑梁式两侧基础分开较大，相互影响小，适用于沉降缝两侧基础埋深相差较大或新旧建筑毗连时（图 10-9）；交叉式是将沉降缝两侧的基础均做成墙下独立基础，交叉设置，在各自的基础上设置基础梁以支承墙体（图 10-10）。

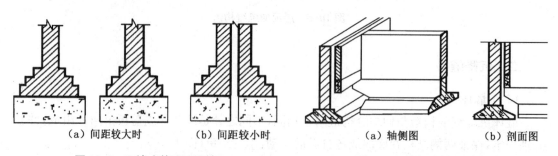

（a）间距较大时　　　（b）间距较小时

图 10-8 双墙式基础沉降缝

（a）轴侧图　　　（b）剖面图

图 10-9 挑梁式基础沉降缝

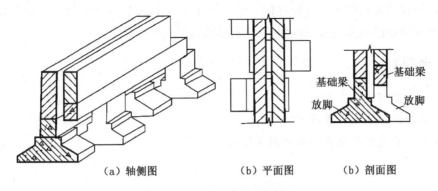

（a）轴侧图　　　　　（b）平面图　　　　（b）剖面图

图 10-10　交叉式基础沉降缝

三、防震缝

防震缝的构造与沉降缝构造基本相同,不同之处是墙面因缝隙较大,一般不作填缝处理,而在调节片或盖板上设置相应材料(图 10-11)。因此,应充分考虑盖缝条的牢固性等,保证两侧结构在竖向和水平两个方向不受约束,能有相对运动的可能。

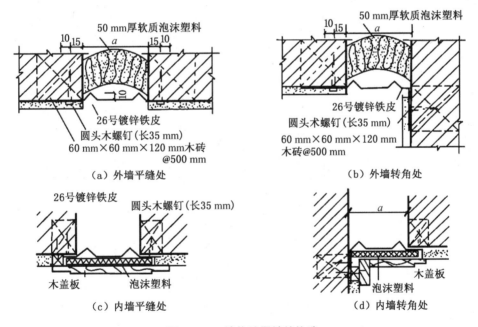

（a）外墙平缝处　　　　　　　　　　　（b）外墙转角处

（c）内墙平缝处　　　　　　　　　　　（d）内墙转角处

图 10-11　墙体防震缝的构造

四、不设变形缝对抗变形

不设变形缝对抗变形的主要形式:加强建筑物的整体刚度;附属部分不设基础,由主体部分基础悬挑承重;在高层建筑中常采用后浇板带代替变形缝等。

后浇板带代替变形缝的具体做法:预先留出一段 800~1 000 mm 宽的缝隙,暂时不浇筑混凝土,缝中钢筋可采用搭接接头。板带两侧结构可以同时开始施工,但应预先计算好两部分的沉降量,以其差值作为两边应在同一平面上的水平构件的标高差值。结构封顶约两周后,其主要沉降量已基本完成,这时将后浇板带浇注成形。

【课后思考题】

    1. 什么是变形缝?

    2. 变形缝的种类及形成原因?

    3. 变形缝的宽度及设置要求分别是什么?

第三部分

建筑工程施工图的识图

第十一章　建筑施工图

通过本章学习,了解房屋建筑施工图的形成和作用;熟悉建筑施工图的图示内容及要求;掌握建筑施工图的识读方法。

1. 建筑工程施工图的一般知识。
2. 首页图的识读。
3. 建筑平、立、剖面图的识读。
4. 建筑详图的识读。

1. 能识读建筑施工图。
2. 能绘制建筑施工图。

第一节　建筑工程施工图总概述

一、建筑工程施工图的产生

建筑工程施工图是由设计单位根据设计任务书的要求、有关的设计资料、计算数据及建筑艺术等设计绘制而成。一般建设项目应按两个阶段进行设计,即初步设计阶段和施工图设计阶段。对于技术要求复杂的项目,可在两个设计阶段之间增加技术设计阶段,用来深入解决各工种之间的协调等技术问题。

1. 初步设计阶段

设计人员接受任务书后,首先要根据业主的建造要求和有关政策性文件、地质条件等进行初步设计,画出比较简单的初步设计图。它包括简略的平面、立面、剖面等图样,文字说明及工程概算。

2. 施工图设计阶段

施工图设计阶段的设计人员在已经批准的初步设计图纸的基础上,综合建筑、结构、设备等工种之间的相互配合、协调和调整,从施工要求的角度对初步设计予以具体化,为施工企业提供完整、正确的施工图和必要的有关计算的技术资料。整套施工图纸是设计人员最终成果的体现,是施工单位进行施工的依据也是施工图预算的主要依据。因此,施工图设计的图纸必须详细完整、前后统一、尺寸齐全、正确无误,符合国家建筑制图标准。

二、建筑工程施工图的分类

房屋建筑工程图是工程技术的"语言",不仅是设计者设计意图的体现,也是施工、监理、经济核算的重要依据。按专业分工的不同,建筑工程施工图一般可分为建筑施工图、结构施工图和设备施工图。

1. 建筑施工图

建筑施工图(简称建施),主要反映一个工程的总体布局,表明建筑物的外部形状、内部布置情况以及建筑构造、装修、材料、施工要求等,用来作为施工定位放线、砌筑、安装门窗、室内外装修的依据,同时也是结构施工图和设备施工图的依据。其图纸主要包括首页图(图纸目录、设计总说明、门窗表等)、建筑总平面图、建筑平面图、建筑立面图、建筑剖面图等基本图纸,以及楼梯、门窗、台阶、散水和浴厕等建筑详图与材料、做法说明等。

2. 结构施工图

结构施工图(简称结施),主要表达建筑物承重结构的平面布置、构件的类型和大小、构造的做法以及其他专业对结构设计的要求等。它是房屋施工时开挖基坑、制作构件、绑扎钢筋、设置预埋件以及安装梁、板、柱等构件的主要依据,也是编制工程预算和施工组织计划等的主要依据。其图纸主要包括结构设计说明、基础图、结构平面布置图、构件详图等。

3. 设备施工图

设备施工图(简称设施),主要表示各种设备、管道和线路的布置、走向以及安装施工要求等。其图纸主要包括给排水(水施)、暖通空调(暖施)、强弱电气(电施)等施工图。这些设备施工图主要由平面布置图、系统图和详图等组成。

一套完整的房屋施工图应按专业顺序编排。一般应为:图纸目录、建筑设计总说明、总平面图、建施、结施、水施、暖施、电施等。各专业的图纸,应该按图纸内容的主次关系、逻辑关系有序排列。

三、建筑工程施工图常用符号

为使房屋施工图的图面统一、简洁,便于阅读,我国制定了《房屋建筑制图统一标准》(GB/T 50001—2017),为常用的制图符号作出了明确的规定。在绘制施工图时,必须严格遵守这些规定。

(一) 定位轴线

施工图上的定位轴线是施工定位、放线的重要依据。凡是承重墙、柱子、大梁或屋架等主要承重构件都要画上确定其位置的基准线,即定位轴线。对于非承重的隔墙、次要承重构件或建筑配件等的位置,有时用分轴线,有时也可通过注明它们与附近轴线的相关尺寸的方法来确定位置。定位轴线的表达须遵循以下原则:

（1）定位轴线用细点画线画出，并按国标要求编号。轴线的端部画细实线圆圈（直径为8～10 mm），编号写在圈内。

（2）定位轴线的编号顺序，如图 11-1 所示，横向（即水平方向）编号应用阿拉伯数字，从左至右顺序编写。竖向编号应用大写拉丁字母，从下至上顺序编写。拉丁字母的 I，O，Z 不得用作轴线编号，以免与数字 1，0，2 混淆。

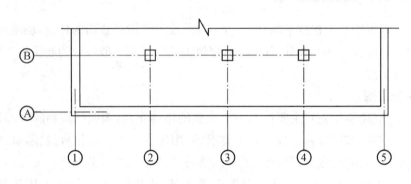

图 11-1　定位轴线的编号

（3）如果字母数量不够使用，可以增用双字母或单字母加数字注脚，如 AA，BB，…，YC 或 A1，B2，…，Y3。

（4）组合较复杂的平面图中，定位轴线也可以采用分区编号。定位轴线的分区编号，如图 11-2 所示。

对于次要位置的确定，可以采用附加定位轴线的编号，编号用分数表示。分母表示前一轴线的编号，为阿拉伯数字或大写的拉丁字母；分子表示附加轴线的编号，一律用阿拉伯数字顺序编写，如图 11-3 所示。

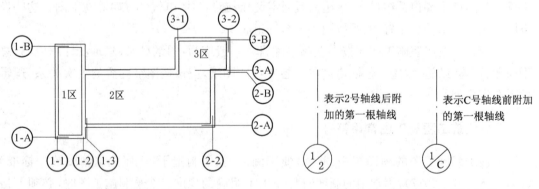

图 11-2　定位轴线的分区编号　　　　图 11-3　附加定位轴线及编号

（二）尺寸和标高

1. 尺寸

尺寸是施工图中的重要内容，标注必须全面、清晰。尺寸单位除标高及建筑总平面图以米（m）为单位外，其余一律以毫米（mm）为单位。

2. 标高

根据工程应用场合的不同,标高共有以下四种形式,其数值单位为 m。

(1) 绝对标高。绝对标高是指以山东青岛海洋观测站平均海平面定为零点起算的高度,其他各地标高均以其为基准。绝对标高数值应精确到小数点后两位。

(2) 相对标高。除总平面图外,一般均采用相对标高,即把房屋建筑室内底层主要房间地面定为高度的起点所形成的标高。相对标高精确到小数点后三位,其起始处记作"±0.000"。比它高的称为正标高,但在数字前不写"+"号;比它低的称为负标高,在标高数字前要写"一"号,如室外地面比室内底层主要房间地面低 0.75 m,则应记作"一0.750",标高数字的单位省略不写。

在总平面图中要标明相对标高与绝对标高的关系,即相对标高的 ±0.000 相当于绝对标高的多少米,以利于用附近水准点来测定拟建工程的底层地面标高,从而确定竖向高度基准。

(3) 建筑标高。建筑标高是指建筑物及其构配件在装修、抹灰以后表面的相对标高。如上述的"±0.000"即底层地面面层施工完成后的标高。

(4) 结构标高。结构标高是指建筑物及其构配件在没有装修、抹灰以前表面的相对标高。由于它与结构件的支模或安装位置联系紧密,因此,通常标注其底面的结构标高,以利于施工操作,减少不必要的计算差错。结构标高通常标注在结施图上。

3. 标高符号及画法

标高符号为直角等腰三角形,用细实线绘制,如图 11-4(a)所示。标注位置不够时,也可如图 11-4(b)所示形式绘制,标高符号的具体画法如图 11-4(c),(d)所示,其中,h,l 的长度根据需要而定。

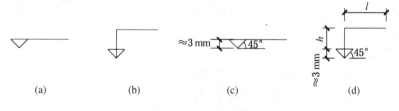

(a)   (b)   (c)   (d)

图 11-4 标高符号

总平面图室外地坪标高符号,宜用涂黑的三角形表示,如图 11-5(a)所示,具体画法如图 11-5(b)所示;标高符号的尖端应指至被注高度的位置,尖端一般应向下,也可向上,标高数字应注写在标高符号的左侧或右侧;在图纸的同一位置须表示几个不同标高时,标高数字可按图 11-5(c)所示的形式注写。

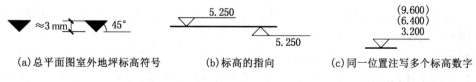

(a)总平面图室外地坪标高符号   (b)标高的指向   (c)同一位置注写多个标高数字

图 11-5 标高符号的标注

(三) 索引符号与详图符号

1. 索引符号

图样中的某一局部或构件,如需另见详图时,则应以索引符号标注。索引符号的形式如图 11-6 所示。索引符号的圆及直径横线均以细实线画出,圆的直径为 10 mm,索引符号应遵守下列规定:

(1) 索引的详图,如与被索引的图样位于同一张图纸内,应在索引符号上半圆中用阿拉伯数字注明详图的编号,并在下半圆中间画一段水平细实线,如图 11-6(a)所示。

(2) 索引的详图,如与被索引的图样不在同一张图纸内,应在索引符号的下半圆中用阿拉伯数字注明该详图所在图纸的图号(即页码),如图 11-6(b)所示。

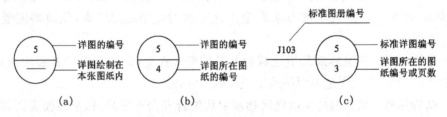

图 11-6 索引符号的形式

(3) 索引的详图,如采用标准图,应在索引符号水平直径的延长线上加注标准图册的代号,如图 11-6(c)所示。

索引符号如用于索引剖面详图,应在被剖切的部位画出剖切位置线,长度以贯通所剖切内容为准,并以引出线引出索引符号,引出线所在的一侧应为剖视方向,如图 11-7 所示。

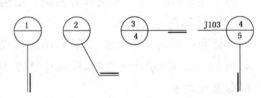

图 11-7 用于索引剖面图的索引符号

2. 详图符号

详图符号是与索引符号相对应的,用来标明索引出的详图所在的位置和编号,如图 11-8 所示。详图符号的圆应以直径为 14 mm 的粗实线绘制。详图符号的编号规定如下:

(1) 详图与被索引的图样同在一张图纸内时,应在详图符号内用阿拉伯数字注明详图的编号,如图 11-8(a)所示。

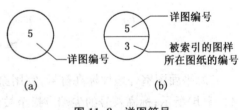

图 11-8 详图符号

(2) 详图与被索引的图样不在同一张图纸内时,应用细实线在详图符号内画一条水平直径线,在上半圆中注明详图编号,在下半圆中注明被索引的图纸的编号,如图 11-8(b)所示。

(四) 引出线

引出线应以细实线绘制,宜采用水平方向的直线,或与水平方向成 $30°$,$45°$,$60°$,$90°$角的直线,或经上述角度再折为水平线。文字说明宜注写在水平线的上方,如图 11-9(a)所示,也可注写在水平线的端部,如图 11-9(b)所示。索引详图的引出线,应与水平直径线连接,如图 11-9(c)所示。

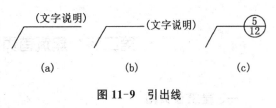

图 11-9　引出线

同时引出几个相同部分的引出线,宜互相平行,如图 11-10(a)所示,也可画成集中于一点的放射线,如图 11-10(b)所示。

多层构造或多层管道共用引出线,应通过被引出的各层。文字说明应注写在水平线的上方,或注写在水平线的端部,说明的顺序应由上至下,并应与被说明的层次相互一致;如层次为横向排序,则由上至下的说明顺序应与由左至右的层次相互一致,如图 11-11 所示。

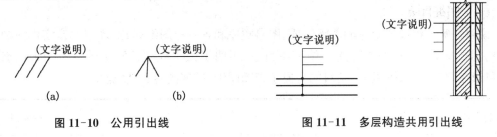

图 11-10　公用引出线　　　　图 11-11　多层构造共用引出线

(五) 其他符号

1. 对称符号

对称符号由对称线和两端的两对平行线组成。对称线用细点画线绘制;平行线用细实线绘制,其长度宜为 6～10 mm,每对的间距宜为 2～3 mm;对称线垂直平分于两对平行线,两端宜超出平行线 2～3 mm,如图 11-12(a)所示。

2. 连接符号

应以折断线表示需连接的部位。当两个部位相距过远时,折断线两端靠图样一侧应标注大写拉丁字母表示连接编号。两个被连接的图样必须用相同的字母编号,如图 11-12(b)所示。

3. 指北针和风向频率玫瑰图

(1) 指北针。指北针符号圆的直径为 24 mm,用细实线绘制,指针尾部的宽度宜为 3 mm,指针头部应注"北"或"N"字。需用较大直径绘制指北针时,指针尾部宽度宜为直径的 1/8,如图 11-12(c)所示。

(2) 风向频率玫瑰图。风向频率玫瑰图,简称风玫瑰图,用来表示该地区常年的风向频率和房屋的朝向。风玫瑰图是根据当地多年平均统计的各个方向吹风次数的百分数,按一定比例绘制。风的吹向是从外吹向中心。实线表示全年风向频率,虚线表示按六、七、八月三个月统计的夏季风向频率,如图 11-12(d)所示。

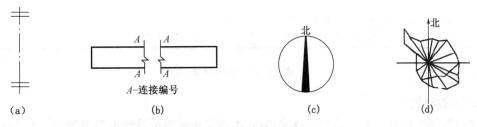

图 11-12　其他符号图例

第二节　建筑首页图及建筑总平面图

一、建筑首页图

首页图是全套施工图纸的第一张。目的是为了便于查阅全套施工图,了解房屋的构造做法及构件数量,对要施工的建筑有一个总体的了解。首页图的内容包括全套图纸的目录、设计说明、建筑装修及工程做法、构配件统计表和门窗表等。

(一)图纸目录

说明建筑工程各个专业的图纸组成、图号顺序和各专业图纸名称,现以本章实例的图纸目录为例(图 11-13),该图为建筑施工图目录,表明了该工程建筑施工图所有图纸的组成(含目录在内共 15 张图纸)。其目的为便于查阅图纸、掌握内容、方便施工。

工程名称:	图纸目录			专业:建筑
序号	图号	图名	图幅	备注
1	建施-00	图纸目录	A4	
2	建施总-01	总平面图	A0	
3	建施-01	建筑设计总说明、工程做法、门窗表、门窗详图	A1	
4	建施-02	地下一层平面图	A2	
5	建施-03	首层平面图	A2	
6	建施-04	二～五层平面图	A2	
7	建施-05	六层平面图	A2	
8	建施-06	屋顶层平面图	A2	
9	建施-07	①～⑬立面图	A2	
10	建施-08	⑬～①立面图	A2	
11	建施-09	Ⓐ～Ⓓ立面图　　　Ⓓ～Ⓐ立面图	A2	
12	建施-10	1—1,1—2 剖面图	A2	
13	建施-11	1#楼梯详图　详图	A2	
14	建施-12	2#楼梯详图	A2	
15	建施-13	墙身大样图　详图	A2	
说明	1. 本目录(大工程)由各工种或(小工程)以单位工程在设计结束时填写,以图号为次序,每格填一张。 2. 如利用标准图,可在备注栏内注明。 3. 末端之"设计总负责"等姓名不必着本人签字,可由填写目录者填写。			

图 11-13　图纸目录

(二)设计说明

主要说明工程概况和总的施工要求,现以本章实例的图纸设计说明为例(图 11-14)。

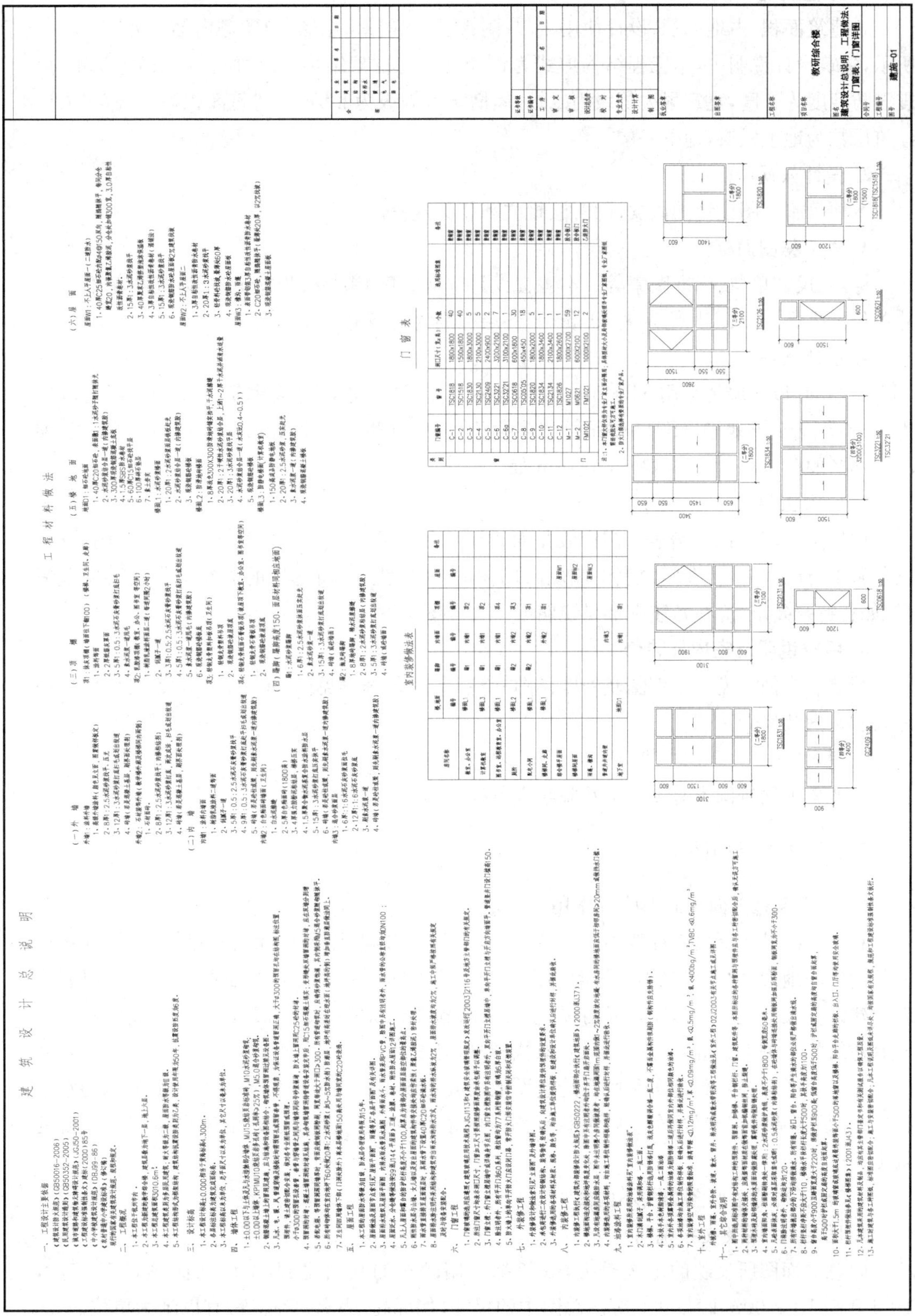

图 11-14 设计说明

1. 工程概况

总建筑面积、占地面积、设计使用年限、耐火、防水等级、层数、户数等内容。如图 11-14 所示,建筑设计说明中,本工程结构形式为钢筋混凝土框架结构,设计使用年限为 50 年,抗震设防烈度为 6 度,建筑耐火等级为二级,屋面防水等级为 Ⅱ 级;总建筑面积为 3 010.6 m²,建筑层数为地上六层,地下一层。

2. 设计依据

本项目施工图设计的依据性文件、批文和相关规范。

3. 本工程图面标注

标高、尺寸单位、标准图集等。本工程设计标高±0.000＝4.300 m(黄海高程基准),尺寸单位标高为米(m),其他为毫米(mm),各层标高为建筑完成面标高。

4. 墙体工程

±0.000 以下墙体采用 MU15 烧结页岩标准砖,M10 水泥砂浆砌筑;±0.000 以上墙体为 M5.0 混合砂浆砌筑 MU10 烧结页岩多孔砖;墙身防潮层为 20 mm 厚 1:2 水泥砂浆(加 3%～5%的防水剂)置于标高−0.060 m 处。

5. 门窗工程

详见图 11-14 的门窗表。门窗表是对建筑物所有不同类型的门窗统计后列成的表格,以备施工、预算需要。在门窗表中应反映门窗的类型、大小、所选用的标准图集及其类型编号,如有特殊要求,应在备注中加以说明或以大样图示意。

6. 用材说明及室内外装修

外墙装饰做法见各立面图及外墙详图标注,室内装修详见图 11-14 所示的工程用材做法表和室内装修做法表。

7. 其他

其他事项均按国家有关施工及验收规范执行。

二、建筑总平面图

(一)建筑总平面图的形成及作用

总平面图是将新建工程四周一定范围内的新建、拟建、原有和拆除的建筑物、构筑物连同其周围的地形、地物状况用正投影的方法和相应的图例所画出的 H 面投影图。用以表明新建建筑物及其周围的总体布局情况,主要反映新建建筑物的平面形状、位置和朝向及其与原有建筑物的关系、标高、道路、绿化、地貌、地形等情况。

总平面图是描绘新建房屋所在的建设地段或建设小区的地理位置以及周围环境的水平投影图,是新建房屋定位、布置施工总平面图的依据,也是室外水、暖、电等设备管线布置的依据。

(二)建筑总平面图的图示内容

1. 图名、比例及文字说明

因总平面图所反映的范围较大,一般都采用较小的画图比例,常用的比例有 1:500,1:1 000,1:2 000,1:5 000 等。总图中的尺寸(如标高、距离、坐标等)宜以米为单位。

2. 新建房屋的平面位置、标高、层数及其外围尺寸等

在总平面图中新建建筑的定位方式有三种：第一种是利用新建建筑物和原有建筑物之间的距离定位；第二种是利用施工坐标确定新建建筑物的位置；第三种是利用新建建筑物与周围道路之间的距离确定其位置。新建房屋底层室内地面和室外整平地面都注明了绝对标高。

3. 与相邻原有建筑物之间的关系

图中会给出建设场地内原有建筑和新建建筑物之间的位置关系。另由于新建等原因，会明确需拆除的原有建筑物和预留的建筑物位置及范围。

4. 附近的地形、地物

如道路、河流、小沟、池塘、土坡等，应注明道路的起点、变坡、转折点、终点以及道路中心线的标高、坡向的箭头。

5. 朝向和风向

用指北针表示房屋的朝向或用风向频率玫瑰图表示当地常年各方位吹风频率和房屋的朝向。明确风向有助于建筑构造的选用及材料的堆场，如有粉尘污染的材料应堆放在下风位。

6. 新建区域的总体布局

如建筑、道路、绿化规划和管道布置等。

7. 补充图例

上面所列内容不是任何工程设计都缺一不可，可根据具体工程的特点和实际情况而定。对一些简单的工程，可以不绘制出等高线、坐标网或绿化规划和管道的布置。

(三) 建筑总平面图的图示要求

1. 绘制方法与图例

总平面图是用正投影的原理绘制的，图形主要是以图例的形式表示，总平面图的图例采用《总图制图标准》(GB/T 50103—2010)中规定的图例。表 11-1 给出了部分常用的总平面图图例符号，画图时应严格执行该图例符号，如图中采用的图例不是标准中的图例，应在总平面图下说明。

2. 图线

图线的宽度(b)，应根据图样的复杂程度和比例，按《房屋建筑制图统一标准》中图线的相关规定执行。主要部分选用粗线，其他部分选用中线和细线。如新建建筑物采用粗实线，原有的建筑物用细实线表示。绘制管线综合图时，管线采用粗实线。

3. 标高与尺寸

在建筑总平面图中，常标出新建房屋的总长、总宽和定位尺寸及层数(多层常用黑小圆点数表示层数，层数较多时用阿拉伯数字表示)。总平面图中还要标注新建房屋室内底层地面和室外地面的绝对标高，坐标、标高、距离以米(m)为单位，并应至少取至小数点后两位。

4. 风向频率玫瑰图

在建筑总平面图中，除图例外，通常还要画出带有指北方向的风向频率玫瑰图，用来表示该地区的常年风向频率和房屋的朝向。总平面图应按上北下南方向绘制。根据场地形状或布局，可向左或右偏转，但不宜超过 45°。

(四) 建筑总平面图识图示例

现以本章实例的建筑总平面图(图 11-15)为例,说明建筑总平面图的识图方法。

表 11-1　总平图图例

名称	图例	说明	名称	图例	说明
新建的建筑物	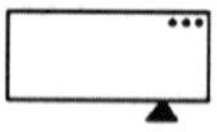	1. 需要时,可用▲表示出入口,可在图形内右上角用点数或数字表示层数 2. 用粗实线表示	填挖边坡	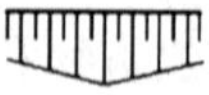	
原有的建筑物	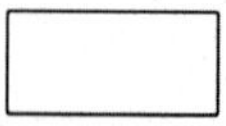	用细实线表示	室内地坪标高	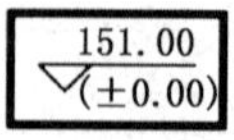 151.00 (±0.00)	数字平行于建筑物书写
计划扩建的预留地或建筑物		用中粗虚线表示	室外地坪标高	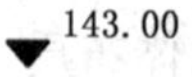 ▼ 143.00	室外标高也可采用等高线
拆除的建筑物	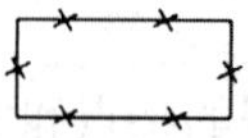	用细实线表示	新建的道路	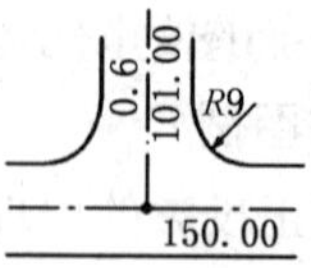 0.6 101.00 R9 150.00	"R9"表示道路转弯半径为 9 m,"150.00"为路面中心控制点标高 "0.6"表示 6%的纵向坡度 "101.00"表示变坡点间距离
铺砌场地	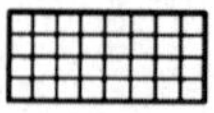				
敞棚或敞廊	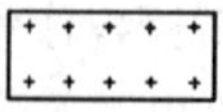				
围墙及大门	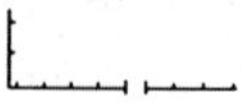				
坐标	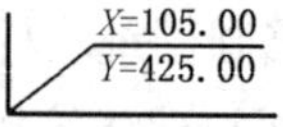 X=105.00 Y=425.00 A=131.51 B=278.25	上图表示地形测量坐标系 下图表示自设坐标系 坐标数字平行于建筑标注	原有的道路		
	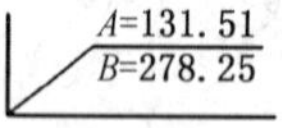		计划扩建的道路	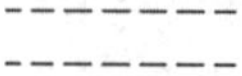	
雨水口与消火栓井	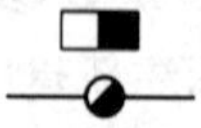	上图表示雨水口 下图表示消火栓井	人行道	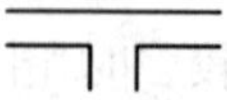	
常绿阔叶乔木	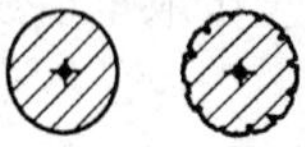		植草转	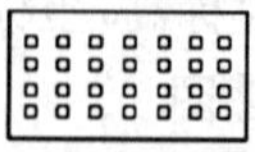	
落叶针叶乔木			花卉		

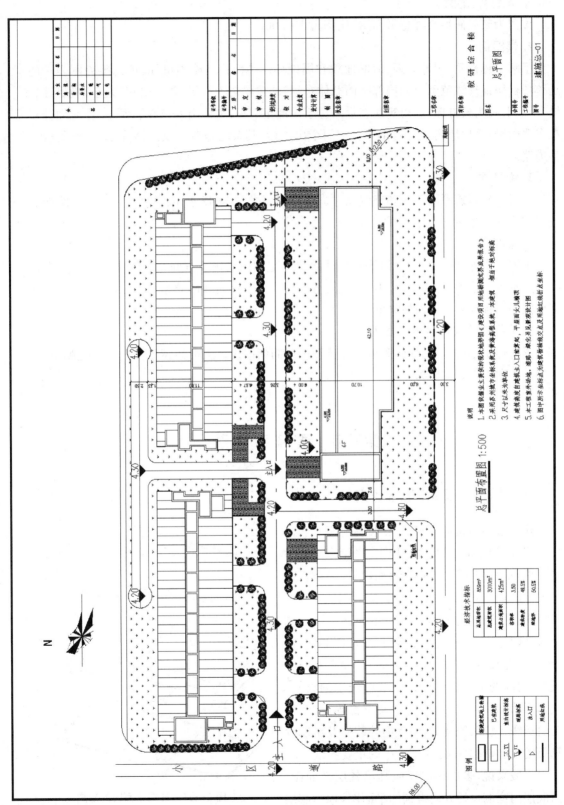

图 11-15 建筑总平面图

1. 读图名、比例

该图为某教研综合楼总平面图,比例为 1：500。

2. 读图例

了解工程性质、用地范围、地形地貌和周围环境情况。从图中可知,该总平面图表示的是该项目用地红线范围内的局部平面总体布局,新建建筑为六层(图中用 6F 表示)教研综合楼,平面形状为长方形(用粗实线表示),位于用地正中央;主要出入口在有两个,在北面分布在东西两侧,该地块内除了新建建筑和两个出入口,其余均是草坪及沿路乔木,地块周边均为道路。

3. 读尺寸

了解新建建筑平面尺寸和定位尺寸。新建建筑总长为 42.1 m,总宽为 10.7 m,距南北道路均为 6 m,距西边道路为 2.6 m,周边道路宽为 3 m,3.2 m 和 3.26 m 不等。

4. 读标高

了解室内外地面的高差、地势的高低起伏变化和雨水排除方向。从图中可以看出新建办公楼室内一层地面±0.000 相当于绝对标高 4.30 m;室内外高差是 30 cm,从周边道路标高可知场内标高要比路面标高低。

5. 读指北针或风向频率玫瑰图

了解建筑物的位置、朝向和风向。读图中风向频率玫瑰图可知新建办公楼坐北朝南,全年主导风向以东南方向为主。

第三节 建筑平面图

一、建筑平面图的形成及作用

建筑平面图是假想用一个水平剖切平面沿各层门、窗洞口部位(指窗台以上、过梁以下的适当部位)水平剖切开来,移去上面部分,对剩下部分向 H 面作正投影,所得的水平剖面图(图 11-16),称为建筑平面图,简称平面图。平面图反映新建房屋的平面形状、水平方向各部分(如出入口、走廊、楼梯、房间、阳台等)的布置和组合关系、房间的大小、功能布局、墙柱选用的材料、截面形状和尺寸、门窗的类型及位置等,作为施工时放线、砌墙、安装门窗、室内外装修及编制预算等的重要依据,是建筑施工中的重要图纸。

一般来说,多层房屋就应画出各层平面图。沿底层门窗洞口切开后得到的平面图,称为底层

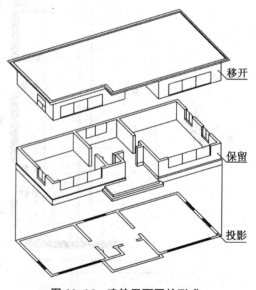

图 11-16 建筑平面图的形成

平面图。沿二层门窗洞口切开后得到的平面图,称为二层平面图。依次可得到三层、四层平面图。当某些楼层平面相同时,可以只画出其中一个平面图,称其为标准层平面图(或中间层平面图)。

二、建筑平面图的图示内容

建筑平面图的图示内容反映以下几个方面:

(1) 反映建筑物的平面形状,内部各房间包括走廊、楼梯、出入口布置及走向。

(2) 反映墙、柱的位置、尺寸、材料、形式,各房间门、窗的位置和开启形式。

(3) 反映建筑平面的每一道尺寸,地面及各层楼面建筑标高(结构标高+装饰层厚度)。

(4) 综合反映其他各工种(工艺、水、暖、电)对土建的要求。各工程要求的坑、台、水池、地沟、电闸箱、消火栓、雨水管等及其在墙或楼板上的预留洞,应在图中表明其位置及尺寸。

(5) 表明室内装修,包括室内地面、墙面及顶棚等处的材料及做法。一般简单的装修,在平面图内直接用文字说明;较复杂的工程则另列房间明细表和材料做法表,或另画建筑装修图。

(6) 文字说明。平面图中不易表明的内容,如施工要求、砖以及灰浆的强度等级等需要文字说明。

(7) 屋顶平面图则主要表明屋面形状、屋面坡度、排水方式、雨水口位置,挑檐、女儿墙、烟囱、上人孔及电梯间等构造和设施。

三、建筑平面图的图示要求

(一) 图名和比例

注明图名和绘图比例以及必要的文字说明。图名应注明是哪一层平面图,在图名处加中实线作下划线,绘图比例在图名右侧。建筑平面图的比例应根据建筑物的大小和复杂程度选定,常用比例为 1∶50,1∶100,1∶200 等,其中使用率比较高的比例是 1∶100。

(二) 定位轴线

定位轴线是指墙、柱和屋架等构件的轴线,可以取墙柱中心线或根据需要取偏离中心线为轴线,以便于施工时定位放线和查阅图纸。凡承重的墙、柱,都必须标注定位轴线,并按相关规定给予编号。

(三) 图线

凡被剖切到的墙、柱的断面轮廓线用粗实线绘制出(墙、柱轮廓线都不包括粉刷层的厚度,粉刷层在 1∶100 的平面图中不必绘制出);没有剖切到的可见轮廓线,例如墙身、窗台、梯段等用中实线绘制出,尺寸线、引出线用细实线绘制出,轴线用细点画线绘制出;属于本层但又位于剖切平面以上的建筑构造及设施,如高窗、隔板、吊柜等用虚线。

(四) 图例与符号

为了便于读图,在平面图中门窗均按相关规定的图例绘制出,在门窗图例旁应注明门窗的代号(门的代号用汉语拼音的头一个大写字母"M"表示,窗的代号用汉语拼音的头一个大写字母"C"表示)。对于不同类型的门和窗,应在代号后面写上编号,以示区别,其编号均用阿拉伯数字表示,如 M1, M2, …; C1, C2, …。编号不同说明门窗的类型也不相同。对一些特殊用途的门窗也有相应的符号进行表示,如 FM 代表防火门,MM 代表密闭防护门,CM 代表窗连门。为了便于施工,一般情况下,在首页图上或在对应平面图内,附有门窗表,列出门窗的编号、名称、尺寸、数量及其所选标准图集的编号等内容。建筑平面图表达的内容很多,图中构造和配件的画法在现行《建筑制图标准》(GB/T 50104—2010)中作出了明确规定,常见图例可扫二维码进行识别。

常见图例

建筑剖视图的剖切位置和投射方向,应在底层平面图中用剖切线表示,并编号;凡套用标准图集或另有详图表示的构配件、节点,均需标出详图索引符号,以便对照阅读。除总平面图中绘制指北针外,有时在底层平面图的外侧某一位置,还应绘制出指北针符号以表明房屋的具体朝向。

(五) 尺寸标注

在建筑平面图中,必须详细标注尺寸。上下、左右都对称的建筑平面图形,其外墙的尺寸一般标注在平面图形的下方和左侧,如果平面图形不对称,则四周都应标注尺寸。外墙的尺寸一般分三道标注,按从外到内顺序标注。

(1) 第一道尺寸:表示建筑物外轮廓的总体尺寸,也称为外包尺寸。它是从建筑物一端外墙边到另一端外墙边的总长和总宽尺寸。

(2) 第二道尺寸:表示轴线之间的距离,也称为轴线定位尺寸。它标注在各轴线之间,说明房间的开间及进深的尺寸。

(3) 第三道尺寸:表示各细部的位置和大小的尺寸,也称为细部尺寸。它以轴线为基准,标注出门、窗的大小和位置,墙、柱的大小和位置。另外,台阶(或坡道)、散水等细部结构的尺寸可分别单独标注。

内部尺寸标注在图形内部,用以说明房间的净空大小、内门窗的宽度、内墙厚度以及固定设备的大小和位置。

四、建筑平面图识图示例

现以本章实例的首层平面图(图 11-17)为例,说明平面图的识图方法。地下一层平面图如图 11-18 所示,不再详述。

(一) 底层平面图的识读

1. 识读图名、比例、指北针

要从中了解平面图层次、图例以及绘制平面图所采用的比例,如 1:50, 1:100, 1:200。该图为一层平面图,该建筑为南北朝向,绘图比例为 1:100。

2. 识读建筑的平面布局

要从轴线开始看,从所注尺寸看房间的开间和进深。本栋楼共有四间教师办公室、一间准备室和一间自然教室,教室和教师办公室均布置在南边,北面布置外走廊,连接各个房间。开间主要是 3.6 m,进深 7.8 m,走廊宽 2.4 m。两个楼梯和两个厕所,一个男厕和一个女厕。

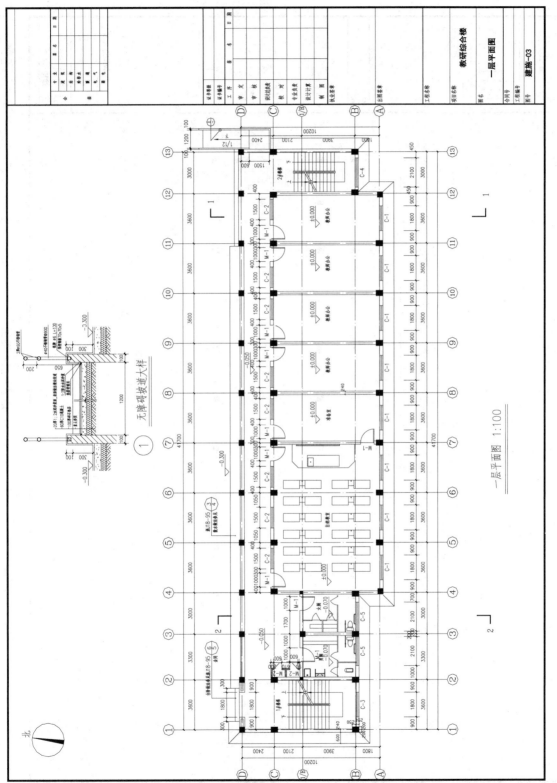

一层平面图 1:100

图 11-17 建筑平面图

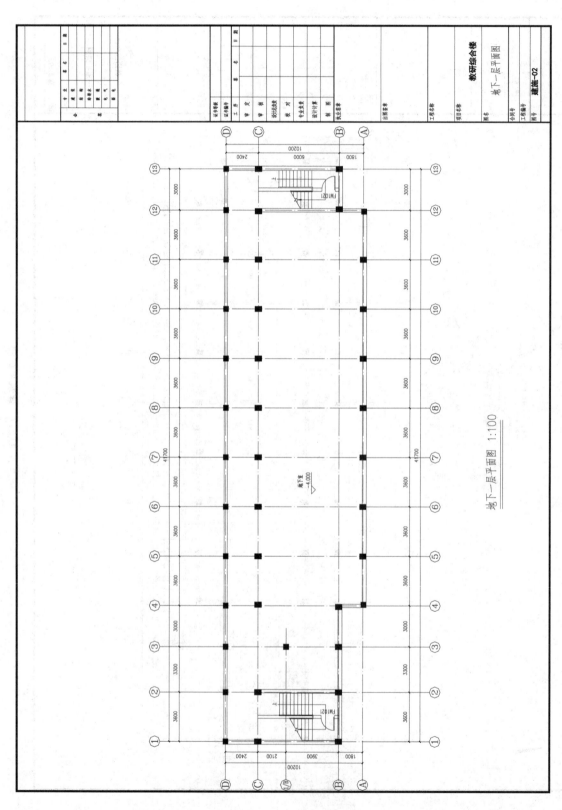

地下一层平面图 1:100

图 11-18 地下一层平面图

3. 识读出入口及垂直交通设施位置

主要出入口设置在教研室的东西两侧,通过台阶进入室内,东边入口旁边还设置了残疾人坡道,再由走廊进入各个房间。垂直方向的交通由设置在东西两边的楼梯承担,楼梯的走向由箭头指明,被剖切的楼梯段用45°折线表示。

4. 识读建筑的结构形式

本工程为框架结构,从所注尺寸确定基本柱距是3.6 m×7.8 m;再看墙的厚度或柱子的尺寸,还要看清楚轴线是处于柱子的中央位置还是偏心位置。墙体的厚度是居中位置还是偏心位置。柱子为400 mm×400 mm和400 mm×500 mm两种尺寸(可结合结构图纸一起查看),基本为居中布置;内外墙均为240 mm厚烧结页岩多孔砖,多为偏心布置。

5. 识读建筑平面图上的尺寸

平面图的下方标注了三道尺寸,其中,第一道尺寸为细部尺寸,是门窗洞的尺寸或柱间墙尺寸等,如C1窗洞宽为1 800 mm,居中布置,距离两边墙轴线的距离为900 mm。第二道尺寸为定位轴线之间的尺寸,反映了房屋定位轴线的间距,其中,横向轴线之间的间距为开间,纵向轴线之间的间距为进深,如①轴和②轴的间距为3 600 mm,为开间尺寸。最外的第三道尺寸为房屋的总体尺寸,建筑总长为41 700 mm,总宽为10 200 mm。

6. 识读门窗的位置及编号

在平面图中可以表明门、窗是位于轴线上还是靠墙的内皮或外皮设置的,并可以表明门的开启方向。本层共C1~C5五种窗,M1一种门,均为内开门。

7. 识读建筑剖面图的剖切位置、索引标志

两个剖切位置线1—1和2—2,剖切位置线端部垂直方向的短划表示投影方向,在短划近旁注有剖切位置线名称(如1—1),说明有一个相应的1—1剖面图与之相对应。散水和室外台阶的具体做法根据索引符号可参见《浙J18-95》图集中的详图。在2#楼梯旁入口处设置了无障碍坡道,从索引符号可以看出该坡道的详图做法就在本章图纸内,编号为①的大样图。

8. 识读建筑中各组成部分的标高情况

该建筑室内相对标高为±0.000,室内走廊及公共部位相对标高为-0.050,室外相对标高为-0.300,比室内低250 mm,厕所、盥洗室的地面相对标高为-0.070,低于室内地面70 mm。

(二) 其他层平面图的阅读

2~5层标准层及6层平面图识图步骤同底层,重点与一层对照异同之处,与一层最大的区别主要在与各个房间的合并与分隔,整体柱网和结构都一致,因此这里就不再详细赘述(图11-19、图11-20)。

屋顶层平面图表示屋面排水的方向、坡度、雨水管的位置、上人孔及其他建筑配件的位置等。本工程屋顶南面的排水方式为有组织外排水中的女儿墙外排水,排水坡度为2%,排水纵坡也为2%,北面屋顶的排水方式为有组织檐沟排水,排水纵坡为2%(图11-21)。女儿墙及压顶的做法详见建施13号图纸编号为5的详图,分仓缝的做法详见《浙99浙J14》图集第22页。

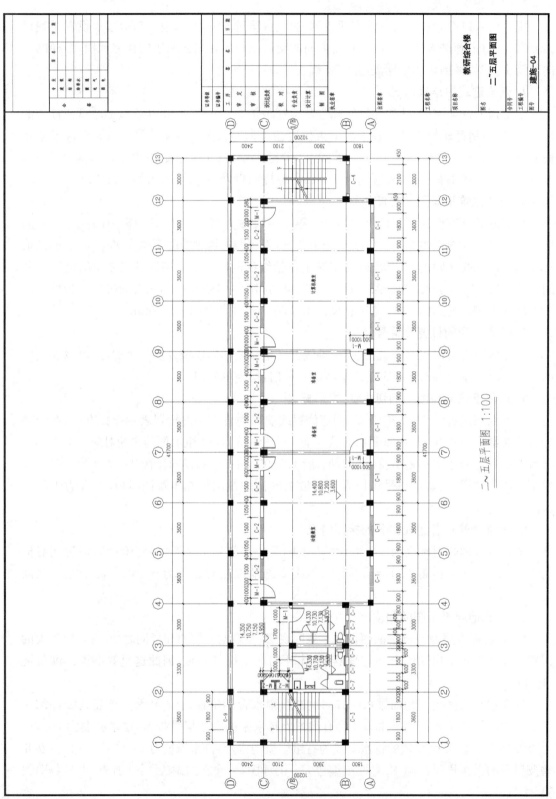

二~五层平面图 1:100

图 11-19 二~五层平面图

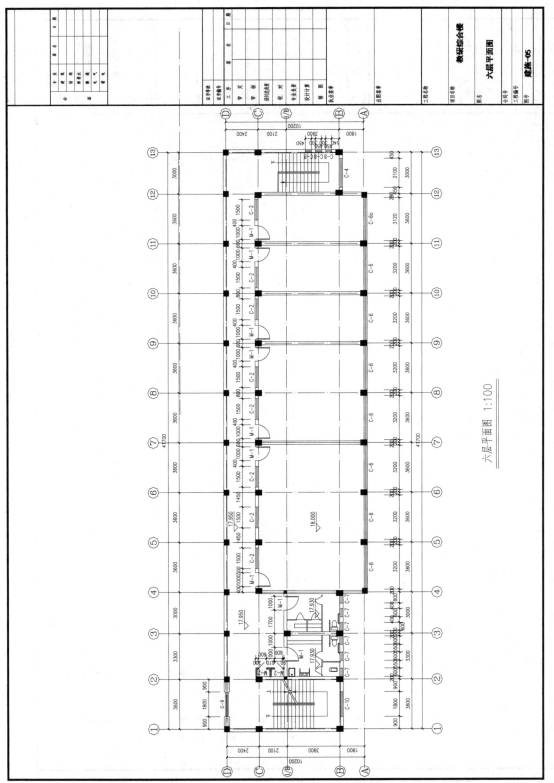

六层平面图 1:100

图 11-20 六层平面图

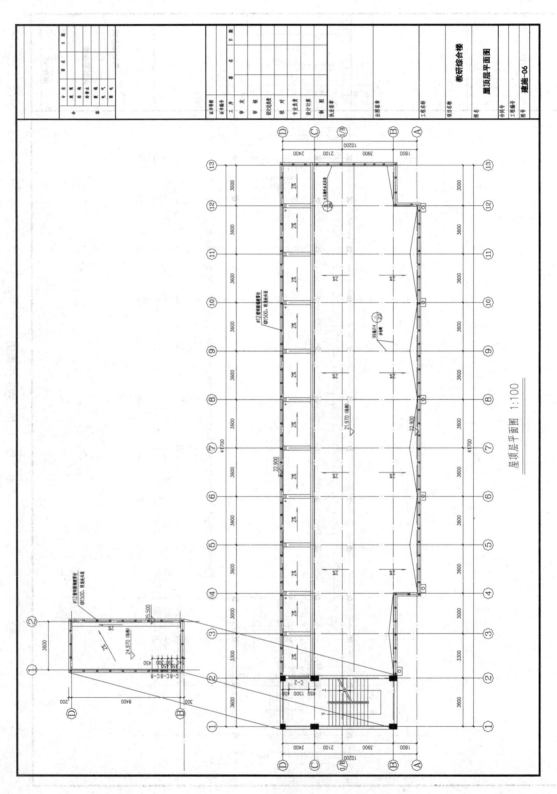

屋顶层平面图 1:100

图11-21 屋顶层平面图

五、建筑平面图的绘制

先选定比例和图幅,合理布置图面。建筑平面图常用比例为1∶100,图样在图纸中布局要合理匀称,位置适宜,具体如下。

(1)绘制图框和标题栏,均匀布置图面,绘出定位轴线。先定横向和纵向的最外两道轴线,再根据开间和进深尺寸定出各轴线。先用淡淡的细实线画出定位轴线的位置,为了提高作图速度,可将同一方向的尺寸一次画出,然后再画另一方向的图线。

(2)根据定位轴线画出建筑主要结构轮廓,绘出全部墙柱断面和门窗洞口,同时补全未定轴线的次要的非承重墙。

(3)画细部,绘出所有的建筑构配件、卫生器具的图例或外形轮廓。

(4)校核并经检查无误后,擦去多余的作图线,按施工要求加深或加粗图线或上墨水线,并标注轴线、尺寸、门窗编号、剖切位置线、图名、比例及其他文字说明,最后完成平面图。

第四节　建筑立面图

一、建筑立面图的形成及作用

建筑立面图简称立面图,它是在与房屋立面平行的投影面上所作的房屋正投影图(图 11-22)。立面图反映建筑的高度(尺寸和标高)、层数、外貌、线脚、门窗、窗台、雨篷、阳台、台阶、雨水管、烟囱、屋顶檐口等构配件以及立面装修的做法,它是表达房屋建筑图的基本图样之一,是确定门窗、檐口、雨篷、阳台等的形状和位置以及指导房屋外部装修施工和计算有关预算工程量的依据。

建筑立面图的数量视房屋各立面的复杂程度而定,一般为四个立面图。

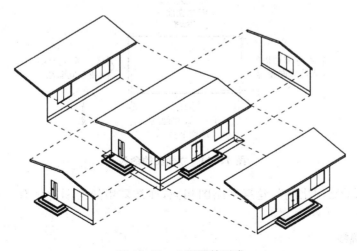

图 11-22　立面图的形成

二、建筑立面图的图示内容

建筑立面图的图示内容包括以下几方面:

(1) 建筑立面图应将立面上所有投影可见的轮廓线全部绘制出,如室外地面线、房屋的勒脚、台阶、花池、门、窗、雨篷、阳台、檐口、女儿墙、墙外分格线、雨水管、屋顶上可见的排烟口、水箱间、室外楼梯等。

(2) 表现房屋的外部造型,如屋顶、外墙面装修、室外台阶、阳台、雨篷等部分的材料、色彩和做法,房屋外部门窗位置及形式。

(3) 标注出外墙各主要部位的标高,如室外地面、台阶、窗台、门窗顶、阳台、雨篷、檐口、屋顶等处完成面的标高。一般立面图上可以不标注高度方向尺寸,但对于外墙留洞除标注出标高外,还应注标出其大小尺寸及定位尺寸,一般用相对标高表示。

(4) 标注出各部分构造、装饰节点详图的索引符号。用图例、文字或列表说明外墙面的装修材料及做法。

(5) 标注出建筑物两端或分段的轴线及编号。

三、建筑立面图的图示要求

(一) 图名和比例

立面图的图名,常用以下三种方式命名:

(1) 按立面图中首尾两端轴线编号来命名,如①—⑤立面图、Ⓐ—Ⓔ立面图等。

(2) 按房屋的朝向来命名,如南立面图、北立面图、东立面图、西立面图。

(3) 按房屋立面的主次(房屋主出入口所在的墙面为正面)来命名,如正立面图、背立面图、左侧立面图、右侧立面图。

具体如图 11-23 所示。

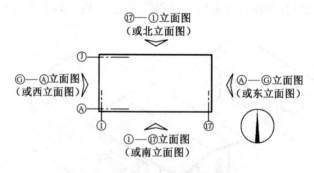

图 11-23 立面图的命名

建筑立面图的绘图比例与建筑平面图相同,通常采用的绘图比例有 1∶50,1∶100,1∶200 等,多用 1∶100。

(二) 定位轴线

在立面图中,一般对于有定位轴线的建筑物,宜根据两端定位轴线号标注立面图名称,以便与平面图对照识读。

（三）图线

一般立面图的外形轮廓线用粗实线表示；室外地坪线用特粗实线表示；门窗、阳台、雨篷等主要部分的轮廓线用中实线表示；门窗扇、墙面分格线、有关说明引出线、尺寸线、高程等都用细实线表示。

（四）图例及符号

由于立面图的比例较小，门窗可以按相关规定图例绘制。在建筑物立面图上，相同的门窗、阳台、外檐装修、构造做法等可以在局部重点表示，绘制出其完整图形，其余部分只绘制轮廓线。图中凡是需要绘制详图的部位都应画上索引符号。

（五）尺寸标注

建筑物立面图上应标注挑檐板、雨篷板厚度等细部尺寸，标注室内外地坪、楼地面、地下层地面、阳台、平台、檐口、屋脊、女儿墙、雨篷、门、窗、台阶等处的完成面标高。平屋面等不易标明建筑标高的部位可标注结构标高，并进行说明。结构找坡的平屋面，屋面标高可标注在结构板面最低点，并注明找坡坡度。标高尺寸一般注写在立面图的左侧或右侧且排列整齐。

（六）其他要求

相邻的立面图或剖面图宜绘制在同一水平线上，图内相互有关的尺寸及标高宜标注在同一竖线上。平面形状曲折的建筑物，可以绘制展开立面图；较简单的对称式建筑物或构配件，可以绘制一半，并在对称轴线处画对称符号。在建筑物立面图上，外墙表面分格线应表示清楚，应用文字说明各部位所用面材及色彩。

立面图与平面图有密切关系，各立面图轴线编号均应与平面图严格一致，并应校核门、窗等所有细部构造是否正确无误。应核对各立面图彼此之间在材料做法上有无不符、不协调一致之处。

四、建筑立面图识图示例

现以本章实例的立面图为例（图11-24），说明立面图的识图方法。

（一）识读⑬—①立面图

1. 识读图名、比例

该立面图的图名按轴线命名：⑬—①立面图，也可叫做背立面图或北立面图。其比例为1:100，通常情况下，为了绘图方便，立面图的比例与平面图的比例相同。

2. 识读建筑的外貌形状，并与平面图对照深入了解屋面、雨篷、台阶等细部形状及位置

从图中可知，该教研楼立面整体比较规整，除①轴边上的楼梯因为需要通到屋顶，其楼梯间高度相对周边高出一部分外，其他房间屋顶都在同一个高度。屋面为平屋顶，设有女儿墙。

3. 识读建筑的高度

从图中的尺寸标注可知，室内外高差为300 mm，各层楼梯窗台的高度为1 600 mm，各层楼梯窗的高度为2 000 mm，窗洞口上部至上一层楼面的距离均为500 mm，栏杆高度为1 100 mm。根据所标注的标高可知，该楼的最高点为1轴边上的楼梯间，高度为25.5 m，屋顶女儿墙高度为22.9 m，楼层层高为3.6 m。

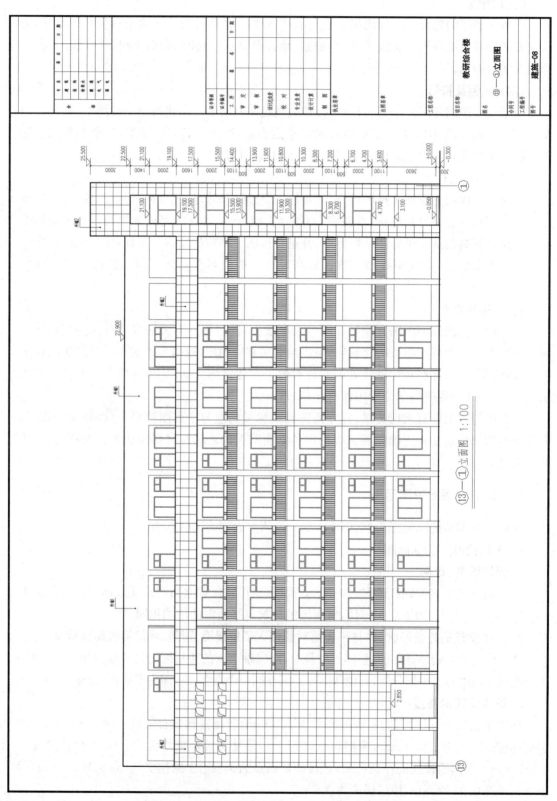

⑬—①立面图 1:100

图11-24 ⑬—①立面图

4. 识读入口位置,门窗的形式、位置及数量

该立面的东西两侧为主要出入口,并在出入口位置设两步台阶,根据室内外高差,可以确定每步台阶的高度为 125 mm。门窗形式和位置尺寸可通过与各层平面图对照识读更准确。

5. 识读建筑物的外墙装修做法

本立面室外装饰共有两种做法,可通过首页图的说明了解到外墙 1 为涂料饰面,外墙 2 为石材饰面,从图上可知,该建筑的楼梯间和走廊墙面为石材饰面,其余均为涂料饰面。另外,对于立面装饰,若做法比较复杂且装饰线条比较多的建筑,由于立面图图示比例小,不能完全标注全面时,可以参照墙身大样图及其节点详图。

(二) 其余立面图识读

其余三个面的立面识图同⑬—①立面图,重点对照四个面的异同,并结合平面图可初步形成建筑的空间布局(图 11-25、图 11-26)。

五、建筑立面图的绘制

绘制建筑立面图与绘制建筑平面图一样,也是先选定比例和图幅、绘底稿、上墨或用铅笔加深三个步骤。

(1) 定室外地坪线、外墙轮廓线(应由平面图的外墙外边线,根据长对正的原理向上投影而得)、屋面檐口线和中柱轮廓线。屋脊线由侧立面或剖面图投影到正立面图上,或根据高度尺寸得到。

(2) 定阳台、门窗位置,画墙面分格线、檐口线、门窗洞、窗台、雨篷等细部。正立面图上门窗宽度应由平面图下方外墙的门窗宽投影而得,根据窗台高、门窗顶高度画出窗台线、门窗顶线、女儿墙顶、柱子投影轮廓线、墙面分格线等。

(3) 经检查无误后,擦去多余的线条,按立面图的线型要求加粗、加深线型或上墨线。画出少量门窗扇、装饰、墙面分格线。

立面图线型,屋脊和外轮廓线用粗实线(粗度 b),室外地坪线用特粗线(粗度 1.4b);轮廓线内可见的墙身、门窗洞、窗台、阳台、雨篷、台阶等轮廓线用中粗线;门窗格子线、栏杆、雨水管、墙面分格线为细实线。最后标注标高,应注意各标高符号的 45°等腰直角三角形在同一条竖直线上,注写图名、比例、轴线和文字说明,完成全图。

第五节　建筑剖面图

一、建筑剖面图的形成及作用

建筑剖面图是用一假想的竖直剖切平面,垂直于外墙将房屋剖开,移去剖切平面与观察者之间的部分作出剩下部分的正投影图,简称剖面图(图 11-27)。

建筑剖面图主要反映建筑物内部的结构或构造方式、屋面形状、分层情况和各部位的联系、材料、构配件以及其必要的尺寸、标高等。它与平、立面图互相配合用于计算工程量,指导各层楼板和屋面施工、门窗安装和内部装修等,是不可缺少的重要图样之一。

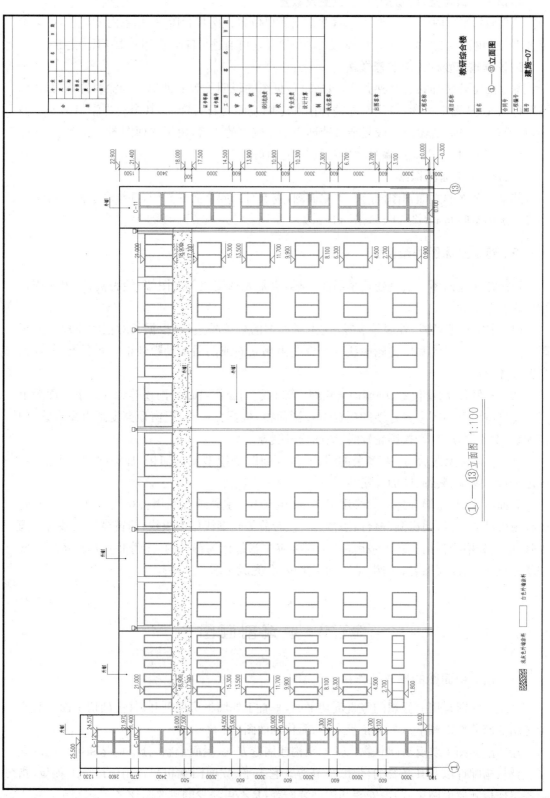

图 11-25 ①—⑬立面图

①—⑬立面图 1:100

196

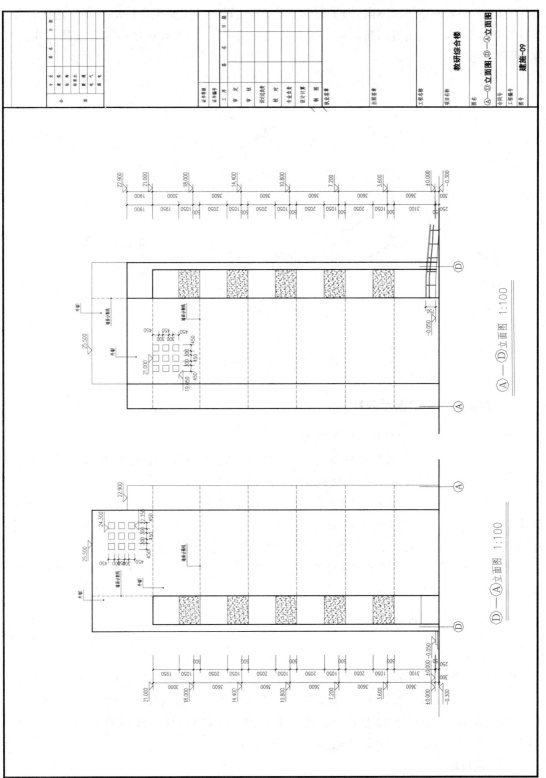

图 11-26　Ⓐ—Ⓓ、Ⓓ—Ⓐ立面图

剖面图的数量是根据房屋的具体情况和施工实际需要而决定的。剖切面一般横向,即平行于侧面,必要时也可以纵向,即平行于正面,其位置应在能反映出房屋内部构造比较复杂与典型的部位,并应通过门窗洞的位置。若为多层房屋,应选择在楼梯间或层高不同、层数不同的部位。

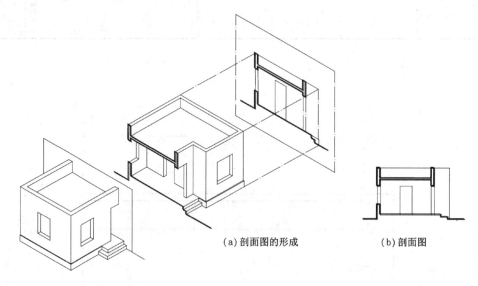

(a) 剖面图的形成　　　　　　(b) 剖面图

图 11-27　剖面图的形成

二、建筑剖面图的图示内容

建筑剖面图的图示内容包括以下几方面:

(1) 表明建筑物被剖到部位的高度和各主要承重构件间的相互关系,如各层梁板的具体位置以及和墙、柱的关系,窗户的竖向位置、屋顶结构等。

(2) 表示被剖切到的房屋各部位,如:各楼层地面、内外墙、屋顶、楼梯、阳台、散水、雨篷等的构造做法。一般可用多层共用引出线说明楼地面、屋顶等构造的层次和做法。如果另画详图或已有构造说明(如工程做法表),则在剖面图中用索引符号引出说明。

(3) 表示屋顶的形式、泛水和坡度等,应与屋面排水平面图一致。采用有组织排水或无组织排水,且排水坡度应按设计要求设计。

三、建筑剖面图的图示要求

(一) 图名和比例

建筑剖面图的图名可以在标题栏中查到,一般与它们的剖切符号名称相对应,如 1—1 剖面图、A—A 剖面图。表示剖面图的剖切位置和投射方向的剖切符号在底层平面图上。

在建筑剖面图中采用的比例一般也与平面图、立面图一致。常用的比例是 1:50,1:100,1:200,其中 1:100 使用最多。

(二) 定位轴线

建筑剖面图一般只画出两端的轴线及编号,以便与平面图对照,但有时也需注出中间轴线。

（三）图线

在剖面图中，室内外地坪线用加粗实线表示，地面以下部分，从基础墙处断开，另由结构施工图表示；被剖切到的墙身、屋面板、楼板、楼梯、楼梯间的休息平台、阳台、雨篷及门、窗过梁等用粗实线表示，其中钢筋混凝土构件较窄的断面可涂黑表示；其他没被剖切到的可见轮廓线，如门窗洞口、楼梯、女儿墙、内外墙的表面均用中实线表示；图中的引出线、尺寸界线、尺寸线、图例填充线等用细实线表示，定位轴线用细单点长画线绘制。

（四）图例与符号

剖面图中被剖切到的构配件应画上截面材料图例，其表示方法与建筑平面图相同。当比例较小时，其抹灰层、楼地面、材料图例可采用省略画法。当比例小于1∶50时，可不画出抹灰层，但宜画出楼地面、屋面的面层线；当比例为1∶100～1∶200时，可简化材料图例，钢筋混凝土断面涂黑，但宜画出楼地面、屋面的面层线；当比例小于1∶200时，可不画材料图例，且楼地面、屋面的面层线可不画出。

在剖面图中，对于需要另用详图说明的部位或构件，都应加索引符号，以便互相查阅核对。

（五）尺寸标注

建筑剖面图的尺寸标注与平面图一样，也包括外部尺寸和内部尺寸。外部尺寸通常分为三道尺寸：第一道尺寸为勒脚高度、门窗洞高度、洞间墙高度、檐口厚度等细部尺寸；第二道尺寸为层高尺寸；最外面一道尺寸称为第三道尺寸，表示从室外地坪到女儿墙压顶的高度，是室外地面以上的总高尺寸。这些尺寸应与立面图相吻合。内部尺寸用于表示室内门、窗、隔断、隔板、平台和墙裙等高度。

另外，还需要用标高符号标出室内外地坪、各层楼面、楼梯休息平台、屋面和女儿墙压顶面等处的标高。在构造剖面图中，主要构件还必须标注其结构标高。剖面图中的标高尺寸有建筑标高和结构标高之分。

标注尺寸和标高时，注意要与建筑平面图、立面图相一致。

四、建筑剖面图识图示例

现以本章实例的剖面图为例（图11-28），说明剖面图的识图方法。

（一）1—1剖面图识读

1. 识读图名、比例、定位轴线

识读图名、比例、定位轴线，并与平面图对照，了解剖切位置、剖视方向。从图中可知是1—1剖面图、比例为1∶100，对照一层平面图中的剖切符号及其编号可知该剖面图是在⑪轴与⑫轴之间剖切后向右投影所得到的横向剖面图。

2. 识读剖切到的部位和构配件

通过与前面的平、立面图对照，1—1剖面图中所表达的被剖切到的部位有地下一层至屋顶层平面图中地下室、教师办公室、计算机教室和走廊等，被剖切到的构配件有Ⓐ、Ⓒ、Ⓓ轴上墙体及墙体上的门和窗、门窗过梁和各层楼板、顶上屋面板及檐沟，还有室外散水、台阶等；其中剖到的钢筋混凝土楼板、楼梯、屋顶、梁、檐沟等钢筋混凝土构件涂黑表示。

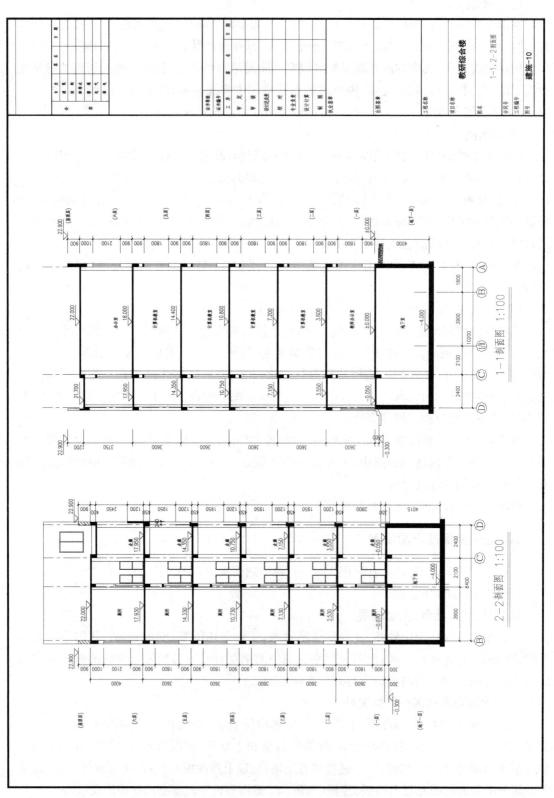

图 11-28 建筑剖面图

3. 识读未剖切到的可见部分

图中有突出墙面的柱子、窗边墙等在未剖切到的可视范围内,因此用中实线表示。

4. 识读尺寸和标高

在图中水平方向画出了主要定位轴线编号及其间距,在竖直方向标注出了房屋主要部位即室内外地坪、楼面、门窗洞口上下、檐口或女儿墙顶面等处的标高及高度方向的尺寸。从图中右侧尺寸标注可知地下一层层高为 4 000 mm,各层窗台的高度为 900 mm、各层窗的高度为 1 800 mm,窗洞口上部至上一层楼面的距离均为 900 mm,距屋顶结构层距离为 1 000 mm,屋顶女儿墙的高度为 900 mm;从图中左侧尺寸标注可知室内外高差为 300 mm,一至五层的层高均为 3.600 m,六层层高为 4.000 m。根据所标注的标高可以知道地下一层、室外地坪、首层室内地坪、二层楼地面、三层楼地面、四层楼面、五层楼面、屋顶结构层上表面、五层女儿墙顶部标高分别为 −4.000、−0.300、±0.000、3.600、7.200、10.800、14.400、18.000 和 22.000,走廊标高均比各层楼面标高低 50 mm。

5. 识读索引符号、图例等

识读索引符号、图例等,了解节点构造做法、楼地面构造层次。在剖面图中表示楼地面、屋面的构造时,通常用一引出线指着需说明的部位,并根据其构造层次按顺序列出材料等。有时将这一内容放在墙身剖面详图中。该图在首页图的建筑说明和墙身详图中标明,因此不再重复注写。

(二) 2—2 剖面图识读

2—2 剖面图的识图方法同上,同样需对照平面图和立面图进行识读。

从以上内容可以看出,平、立、剖面图相互之间既有区别,又紧密联系。平面图可以说明建筑物各部分在水平方向的尺寸和位置,却无法表明它们的高度。立面图能说明建筑物外形的长、宽、高尺寸,却无法表明它的内部关系。剖面图则能说明建筑物内部高度方向的布置情况。因此,只有通过平、立、剖三种图相互配合才能完整地说明建筑物从内到外、从水平到垂直的全貌。

五、建筑剖面图的绘制

在画剖面图之前,根据底层平面图中剖切位置线和编号,分析所要画的剖面图中剖切到的部分和未被剖切到但能看到的部分,具体绘制步骤如下。

(1) 先定最外两道轴线、室外地坪线、楼面线和顶棚线。根据室内外高差定出内外地坪线,若剖面与正立面布置在同一张图纸内的同高位置,则室外地坪线可由正立面图投影而来。

(2) 定中间轴线、墙厚、地面和楼板厚,画出天棚、屋面坡度和屋面厚度。

(3) 定门窗、楼梯位置,画门窗、楼梯、阳台、檐口、台阶、栏杆扶手、梁板等细部。

(4) 检查无误后,擦去多余的线条,按要求加深、加粗线型或上墨线。画尺寸线,标注标高符号并注写尺寸和文字,完成全图。

第六节 建 筑 详 图

一、建筑详图的形成及作用

建筑平、立、剖面图是建筑施工图中最基本的图样,其反映了建筑物的全局,但由于其采用的比例比较小,在这些图上难以表示清楚建筑物某些部位的详细构造。根据施工需要,必须另外绘制比例较大的图样,将某些建筑构配件(如门、窗、楼梯、阳台、各种装饰等)及一些构造节点(如檐口、窗台、勒脚、明沟等)的形状、尺寸、材料、做法详细表达出来。由此可见,建筑详图是把房屋的细部或构配件的形状、大小、材料和做法等,按正投影的原理,用较大的比例绘制出来的图样。

建筑详图既是建筑细部的施工图,也是建筑平面图、立面图和剖面图等基本图纸的补充和深化,更是建筑工程的细部施工、建筑构配件的制作及编制预决算的依据。有时建筑详图也称为大样图。

二、建筑详图的图示内容

建筑详图的图示内容表示以下三方面:

(1) 表示建筑构配件(如门窗、楼梯、阳台等)的详细构造及连接关系。

(2) 表示建筑物细部及剖面节点(如檐口、窗台、明沟、楼梯扶手、踏步、楼层地面、屋顶层等)的形式、做法、用料、规格及详细尺寸。

(3) 表明各细部构造有关施工要求及制作方法、说明等。

建筑详图的数量和图示内容要根据房屋构造的复杂程度而定。建筑详图可分为节点构造详图和构配件详图两类。凡是表达房屋某一局部构造做法和材料组成的详图称为节点构造详图(如檐口、窗台、勒脚、明沟等)。凡是表明构配件本身构造的详图称为构件详图或配件详图(如门、窗、楼梯、花格、雨水管等)。一幢房屋的施工图一般需要绘制以下几种详图:外墙剖面详图、楼梯详图、门窗详图、阳台详图、台阶详图、厕浴详图、厨房详图和装修详图等。

三、建筑详图的图示要求

(一) 图名与比例

建筑详图的图名应与被索引的图样上的索引符号对应,以便对照查阅。建筑详图一般使用比较大的绘图比例进行绘制,常用的比例有 $1:50$,$1:20$,$1:5$,$1:2$。

(二) 定位轴线

在建筑详图中,一般应绘制定位轴线及其编号,以便与建筑平面图、立面图或剖面图对照。

(三) 图线

建筑详图中的室外地坪线画特粗实线;外轮廓线画粗实线;一般轮廓线画中粗实线,当绘制较简单的图样时，也可用细实线绘制；尺寸线、尺寸界限、标高符号、详图材料做法引出线、粉刷线、保温层线等画中实线，当绘制较简单的图样时，也可用细实线绘制；图例填充线画细实线。

（四）图例与符号

在建筑详图中，一般都应画出抹灰层与楼地面层的面层线，并画出材料图例。建筑详图应把有关的用料、做法和技术要求等用文字说明，被说明的地方均用引出线引出。

（五）尺寸与标高

建筑详图的尺寸标注必须完整齐全、正确无误。楼地面、地下层地面、阳台、平台、檐口、屋脊、女儿墙、台阶等处的尺寸及标高，在建筑详图中宜标注完成面尺寸和标高。

（六）其他要求

对于套用标准图或通用图的建筑构配件和节点，只要注明所套用图集的名称、型号或页次（索引符号），就可以不必再绘制详图。对于建筑构造节点详图，除了应在平面图、立面图、剖面图中的有关部位绘制标注索引符号外，还应在详图上绘制标注详图符号或写明详图名称，以便对照查阅。

四、建筑详图识图示例

现以本章实例的外墙身详图（图 11-29）和楼梯详图（图 11-30、图 11-31）为例，说明剖面图的识图方法。

（一）外墙身详图

外墙身详图是建筑详图之一，也称为墙身大样图，它的绘图比例一般为 1：20。实际上它是建筑剖面图的有关部位的局部放大图。

外墙剖面详图主要表达墙身与地面、楼面和屋面的构造连接情况以及檐口、门窗顶、窗台、勒脚、防潮层、散水和明沟的尺寸、材料和做法等构造情况，是砌墙、室内外装修、门窗安装、编制施工预算以及材料估算等的重要依据。有时在外墙剖面详图上引出分层构造，注明楼地面、屋顶等的构造情况，而在建筑剖面图中省略不标，识图方法如下。

（1）识读图名、比例。该图为墙身大样图（一）（即外墙身详图），比例为 1：20，因该详图并未在平面图中索引，因此图号也只是按详图的顺序进行编号。

（2）识读墙体的尺度。该图墙体外侧未设保温层，外侧中实线反映了抹灰层，抹灰厚度具体见首页图建筑设计说明。墙体不包括抹灰层的厚度为 240 mm，定位轴线位于墙体中央。

（3）识读走廊栏杆处节点构造。由图可知二至五层走廊处栏杆采用彩色铝合金栏杆，高度为 1 050 mm，六层栏杆为实心砌体栏杆，具体可见图 11-29 中的栏杆立面详图。

（4）识读门窗构造。由图可知房间的门高度为 2 700 mm，门窗过梁为钢筋混凝土矩形过梁，距上部楼板高度为 900 mm。

（5）识读楼板层构造。楼板的承重层为现浇钢筋混凝土板，与框架梁整浇为一体。走廊地面比室内低 50 mm，并向室外方向找坡 1%，在外墙处做成走廊集水沟。地面及天棚做法未具体标注，见首页图建筑设计说明。

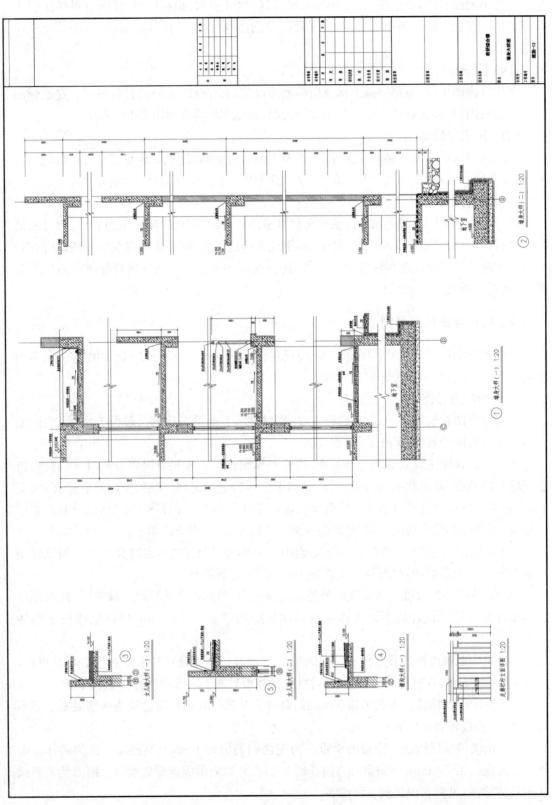

图 11-29 外墙身详图

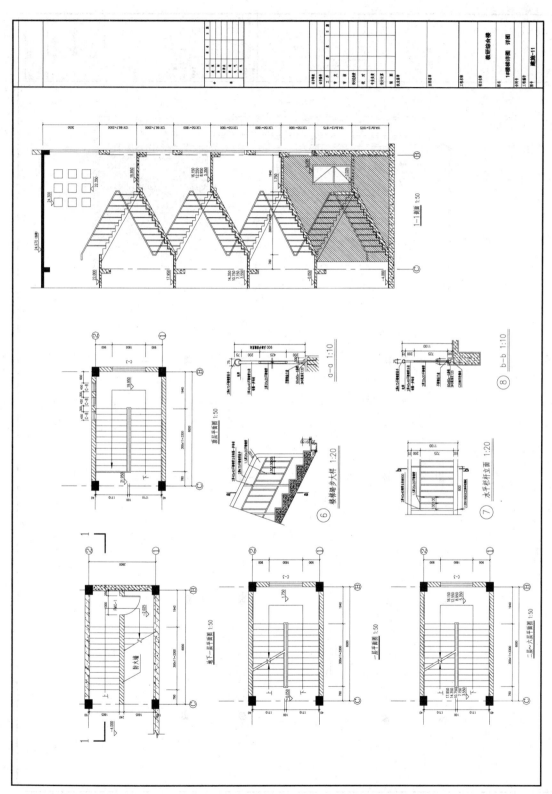

图 11-30 1#楼梯详图

建筑构造与识图

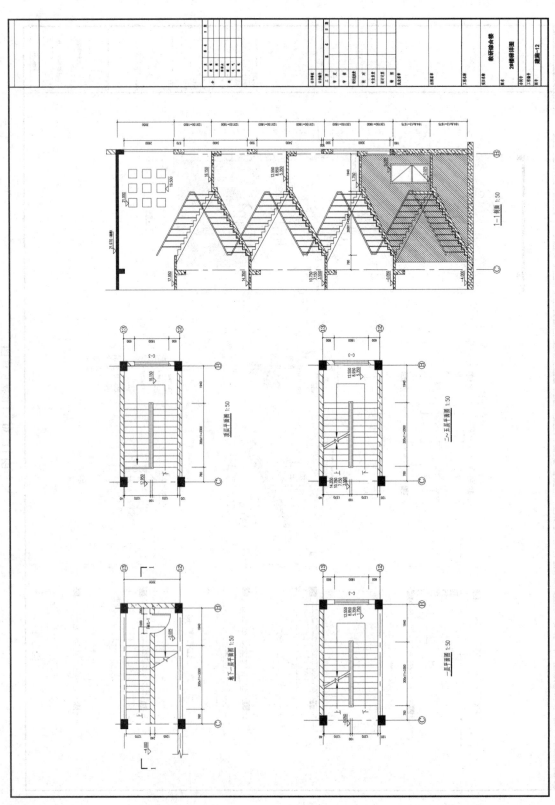

图 11-31 2#楼梯详图

206

(6) 了解屋顶及檐口部分构造。从图中可知屋顶的结构标高为 21.97 m,做法未具体标注,见首页图建筑设计说明。屋顶上部设有女儿墙,屋面排水方式采用檐沟有组织排水,找坡 2%,泛水高度为 300 mm,檐沟具体做法详见首页图建筑设计说明。

(二) 楼梯详图

楼梯详图就是楼梯间平面图及剖面图的放大图。它主要反映楼梯的类型、结构形式、各部位的尺寸及踏步、栏板等装饰做法。它是楼梯施工、放样的主要依据,一般包括楼梯平面图、剖面图和节点详图。现以 1♯楼梯平面图和剖面图(图 11-30)为例说明其识图方法。

1. 楼梯平面图

(1) 识读图名及比例。图中共分地下一层平面图、一层平面图、二至六层(标准层)平面图和顶层平面图,比例均为 1:50。

(2) 识读楼梯在建筑平面图中的位置及有关轴线的布置。从平面图中可知该建筑物有两部楼梯,从所绘楼梯平面图中可知此楼梯位于横向①—②轴和纵向Ⓑ—Ⓒ轴线之间。

(3) 识读各层平面图中不同梯段的投影形状。在地下一层平面图中,只有一个被剖切到梯段,注有"上"字的长箭头并以 45°细折断线表示其断开位置,并在楼梯井位置砌筑了防火墙,在休息平台处用防火门分隔开。在一至六层平面图中,既要画出被剖切到的向上走的梯段(即画有"上"的长箭头),还要画出该层向下走的完整梯段(即画有"下"的长箭头)、楼层平台、中间平台及平台向下的梯段,这部分楼梯段与被剖切到楼梯投影重合,以 45°折断线为分界。在顶层平面图中,由于剖切位置在水平扶手之上,在图中绘出两段完整的梯段和楼梯平台,只有一个注有"下"的长箭头。

(4) 识读楼梯间、梯段、梯井、休息平台等处的平面形式和尺寸以及楼梯踏步的宽度、数量。该楼梯间平面为矩形,其开间尺寸为 3 600 mm,进深尺寸为 6 000 mm。地下一层梯段净宽为 1 555 mm,两个梯段中间防火墙宽度为 240 mm,地上层梯段净宽为 1 670 mm,梯段井宽为 100 mm,第一个踏步前缘线到 C 轴的距离为 760 mm,中间平台宽度为 1 940 mm。由于每个梯段最后一个踏步与平台重合,所以平面图上梯段踏面投影数比梯段的踏步个数少一个,一层平面图中标注 300 mm×11=3 300 mm,表示第一梯段踏步宽度(也叫做踏面宽度)为 300 mm,踏步个数为 11+1=12 个(也是踏步的踢面个数),梯段水平投影长为 3 300 mm。

(5) 识读楼梯各楼层平台、中间平台(也可叫作休息平台)的标高。从图中可知地下一层、一层、二层、三层和四层楼层平台标高分别为−4.000 m,−0.050 m,3.550 m,7.150 m,10.750 m,14.350 m,17.950 m 和 22.000 m,地下一层和一层之间的中间平台标高为−2.025 m,一层和二层之间的中间平台标高为 1.750 m,其余几层的休息平台的标高都可以从平台上的标高符号识读。如从一层楼梯平面图中可知从标高−0.050 m 的楼层平台到标高 1.750 m 的中间平台经过 12 个踏步,则该梯段每个踏步的高度(也可叫作踢面的高度)为 (1.750+0.0500)×1 000/12=150 mm。

(6) 识读楼梯间的墙、门、窗的平面位置、编号和尺寸楼梯间的 1 轴距外墙内缘除地下室为 50 mm 外其余都是 40 mm,C-3 窗的洞口宽度均为 1 800 mm,居中布置。

(7) 识读楼梯剖面图在地下一层楼梯平面图中的剖切位置及投影方向,从图中可知剖切符号为1—1从下向上投影。剖切位置可以剖切到每层相对楼层平台向上的跑楼段,看到每层相对楼层平台向下的跑楼段。

2. 楼梯剖面图

(1) 识读图名及比例。该图为1—1剖面图,与地下一层楼梯平面图中的剖切编号相对应。与楼梯平面图比例同为1：50。

(2) 识读楼梯的构造形式。从图中可知该楼梯的结构组成为梯段板、平台板、平台梁,其结构形式为板式楼梯,为双跑楼梯。

(3) 识读楼梯在进深方向的有关尺寸。从尺寸线和标高可知各平台的宽度和平台标高,数据同平面图识读。

(4) 识读被剖切到、看到梯段的踏步级数及高度方向上的有关尺寸。图中以钢筋混凝土材料图例填充的梯段为剖切到的梯段,未以材料图例填充的梯段为看到的梯段。第一、二跑梯段高度方向上标注 $164.6 \times 12 = 1\,975$,表示该梯段每个踏步高为164.6 mm,踏步个数为12个,梯段高为1 975 mm,一至六层各跑梯段高度方向上标注 $150 \times 12 = 1\,800$,表示该梯段每个踏步高为150 mm,踏步个数为12个,梯段高为1 800 mm,屋顶层梯段踏步个数也为12个,踏步高为166.7 mm,梯段高度均为2 000 mm。

(5) 了解踏步、扶手、栏板的细部构造。

图11-30中的踏步和栏杆扶手细部节点做法可见楼梯节点详图,具体不再赘述。

五、楼梯详图的绘制

(一) 楼梯平面图的绘制

楼梯平面图的绘制步骤如下:

(1) 确定绘图比例,一般采用1：50。

(2) 画出楼梯间的定位轴线和墙身线、定出平台的宽度、楼梯的长度和宽度。

(3) 对墙柱用材料符号进行填充,画门窗、箭头、标高符号、踏步线等。踏步线用等分距离的方法画出,注意踏步数目为本楼梯段上的踏步数减1,如本楼梯段有12个踏步,则楼梯段的长度为11个踏面宽。

(4) 标注文字、尺寸、轴线编号及标高等。

(5) 核对无误后,擦去多余线条,按线型要求加深图线。

(二) 楼梯剖面图的绘制

楼梯剖面图的绘制步骤如下:

(1) 确定绘图比例。楼梯剖面图的绘图比例一般和楼梯平面图的一致,多为1：50。

(2) 画出墙身定位轴线、室内外地面线、各层楼面、平台的位置。

(3) 确定墙身厚度、平台厚度,用等分距离的方法,画出楼梯踏步。

(4) 画细部,如门窗、梁、栏杆、扶手等,填充材料图例。

(5) 标注尺寸、标高和文字说明。

(6) 核对无误后,擦去多余线条,按线型要求加深图线。

实训题——抄绘建筑施工图

一、目的

为了准确表达设计意图和内容，必须先掌握建筑工程施工图的内容、图示原理和方法，正确绘制施工图。同时通过施工图的绘制，可以进一步掌握房屋构造，提高读图能力。

二、实训内容

自备 A3 图纸，识读教材图示例图纸《教研综合楼施工图》，抄绘建筑平面图、立面图、剖面图和楼梯详图。

三、要求

绘制施工图，要求运用投影原理和作图方法，正确使用绘图仪器工具，严格执行《房屋建筑制图统一标准》(GB/T 50001—2017)。要求线宽合理，线型分清粗、中、细；确保投影正确、表达清晰、尺寸齐全、图面整洁、阅读方便等。

四、绘图步骤和方法

(1) 确定绘制图样的数量。根据房屋的外形、层数、平面布置和构造内容的复杂程度，以及施工的具体要求，确定图样的数量，做到表达内容既不重复也不遗漏。图样的数量在满足施工要求的条件下以少为好。

(2) 选择合适的绘图比例。

(3) 进行合理的图面布置。图面布置要主次分明，排列均匀紧凑，表达清楚，尽可能保持各图之间的投影关系。同类型的、内容关系密切的图样，集中在一张或图号连续的几张图纸上，以便对照查阅。

(4) 施工图的绘制方法。一般按平面图—立面图—剖面图—详图顺序进行绘制，具体每步绘图步骤和方法已在前面各节内容中介绍。先用细铅笔画底稿，经检查无误后，按国标规定的线型加深图线。铅笔加深或上墨时，一般顺序：先画上部，后画下部；先画左边，后画右边；先画水平线，后画垂直线或倾斜线；先画曲线，后画直线。

第十二章 建筑结构施工图

通过本章学习,了解建筑结构施工图的形成,构件代号、钢筋名称等结构施工图基本知识;熟悉结构施工图图示内容和方法;掌握结构施工图的识读。

1. 结构施工图概述。
2. 基础施工图的识读。
3. 柱、梁、板平法施工图的识读。

1. 能理解混凝土基础和柱、梁、板等常用结构构件的配筋要求。
2. 能结合建筑施工图,具备识读一套完整的建筑和结构施工图的能力。

第一节 结构施工图概述

一、结构施工图的形成与作用

建筑物的设计除要满足使用功能、美观、防火等要求外,还应按照建筑各方面的要求进行力学与结构计算,决定建筑承重构件(如基础、梁、板、柱等)的布置、形状、尺寸和详细设计的构造要求,并将其结果绘制成图样,用以指导施工,这样的图样称为结构施工图(简称结施)。

结构施工图是作为施工放线、开挖基槽、支模板、绑扎钢筋、设置预埋件、浇捣混凝土等承重构件的制作安装及现场施工的重要依据;同时,也是编制预算和进行施工组织设计的重要依据。

二、结构施工图的图示内容

建筑结构的类型不同,结构施工图的内容和表达也各不相同,但一般均包括结构设计说明、基础施工图、结构平面布置图和构件详图。

1. 结构设计说明

根据工程的复杂程度内容多少不一,结构设计说明主要说明结构设计依据、结构形式、构件材料及要求、构造做法、施工要求等内容。但一般均包括以下内容:

(1)建筑物的结构形式、层数和抗震的等级要求。

(2)结构设计依据的规范、图集和设计所使用的结构程序软件。

(3)基础的形式、采用的材料及其强度等级。

(4)主体结构采用的材料及其强度等级。

(5)构造连接的做法及要求。

(6)抗震的构造要求。

2. 基础施工图

基础图一般包含基础平面图、基础详图和简单的设计说明,它表示了基础的形式、数量、型号、尺寸与基础的布置方式及相互位置关系。

3. 结构平面布置图

主要表示房屋结构中的各种承重构件的位置、数量、型号及相互关系。它与建筑平面图一样属于全局性布置的图样,包括楼层结构平面图、屋面结构平面图和柱网平面图等。

4. 结构构件详图

结构构件详图主要有模板图、配筋图及钢筋表,其主要表示各承重构件的形状、大小、材料以及各承重结构间的连接节点等构造的图样,包括梁、板、柱结构详图、楼梯结构详图、屋架结构详图等。

三、结构施工图的图示要求

结构施工图与建筑施工图一样,均是采用正投影方法绘制的。但由于它们反映的侧重点不同,故在比例、线型及尺寸标注等方面上有所区别。

1. 比例

根据结构施工图所表达的内容及深度的不同,其绘制比例可选用表 12-1 所给的常用比例,特殊情况也可选用可用比例绘制。

表 12-1 结构施工图绘制比例

图名	常用比例	可用比例
结构平面图,基础平面图	1:50, 1:100, 1:150	1:60, 1:200
圈梁平面图、总图中管沟、地下设施等	1:200, 1:500	1:300
详图	1:10, 1:20, 1:50	1:5, 1:25, 1:30

2. 图线

结构施工图的图线选择要符合现行《建筑结构制图标准》(GB/T 50105—2010)的规定。各图线型、线宽应符合表 12-2 的要求。

表 12-2　图线

名称		线型	线宽	一般用途
实线	粗	————	b	螺栓、主钢筋线、结构平面图中的单线结构构件线、钢木支撑及系杆线,图名下横线、剖切线
	中粗	————	$0.7b$	结构平面图及详图中剖到或可见的墙身轮廓线、基础轮廓线、钢、木结构轮廓线、钢筋线
	中	————	$0.5b$	结构平面图及详图中剖到或可见的墙身轮廓线、基础轮廓线,可见的钢筋混凝土构件轮廓线、钢筋线
	细	————	$0.25b$	标注引出线、标高符号线、索引符号线、尺寸线
虚线	粗	— — — —	b	不可见的钢筋线、螺栓线,结构平面图中的不可见的单线结构构件线及钢、木支撑线
	中粗	- - - -	$0.7b$	结构平面图中的不可见构件、墙身轮廓线及不可见钢、木结构构件线、不可见的钢筋线
	中	- - - -	$0.5b$	结构平面图中的不可见构件、墙身轮廓线及不可见钢、木结构构件轮廓线、不可见的钢筋线
	细	- - - -	$0.25b$	基础平面图中的管沟轮廓线、不可见的钢筋混凝土构件轮廓线
单点长画线	粗	—·—·—	b	柱间支撑、垂直支撑、设备基础轴线图中的中心线
	细	—·—·—	$0.25b$	定位轴线、对称线、中心线、重心线
双点长画线	粗	—··—··—	b	预应力钢筋线
	细	—··—··—	$0.25b$	原有结构轮廓线
折断线		——⋀——	$0.25b$	断开界线
波浪线		∼∼∼∼	$0.25b$	断开界线

3. 常用构件代号

由于结构构件的种类繁多,为了便于读图,在结构施工图中常用代号来表示构件的名称,代号后应用阿拉伯数字标注改构件的型号或编号,也可为构件的顺序号,构件的顺序号采用不带角标的阿拉伯数字连续排列。常用构件的名称、代号见表 12-3。

表 12-3　常用构件代号

序号	名称	代号	序号	名称	代号	序号	名称	代号
1	板	B	15	吊车梁	DL	29	基础	J
2	屋面板	WB	16	圈梁	QL	30	设备基础	SJ
3	空心板	KB	17	过梁	GL	31	桩	ZH
4	槽形板	CB	18	连系梁	LL	32	柱间支撑	ZC
5	折板	ZB	19	基础梁	JL	33	垂直支撑	CC
6	密肋板	MB	20	楼梯梁	TL	34	水平支撑	SC
7	楼梯板	TB	21	檩条	LT	35	梯	T
8	挡雨板或沟盖板	GB	22	屋架	WJ	36	雨篷	YP
9	挡雨板或檐口板	YB	23	托架	TJ	37	阳台	YT
10	吊车安全走道板	DB	24	天窗架	DJ	38	梁垫	LD
11	墙板	QB	25	框架	KJ	39	预埋件	M
12	天沟板	TGB	26	刚架	GJ	40	天窗端壁	TD
13	梁	L	27	支架	ZJ	41	钢筋网	W
14	屋面梁	WL	28	柱	Z	42	钢筋骨架	G

4. 定位轴线和尺寸标注

（1）定位轴线。结构施工图中的定位轴线及编号应与建筑施工图一致。

（2）尺寸标注。结构施工图中的尺寸标注应是结构构件的结构尺寸（即实际尺寸），不含结构表面装修层厚度。

四、结构施工图常用材料种类及表示方法

1. 混凝土

按照规范规定,普通混凝土划分为 14 个等级,即 C15,C20,C25,C30,C35,C40,C45,C50,C55,C60,C65,C70,C75,C80,数字越大,表示抗压强度越高。

2. 钢筋

（1）钢筋的分类与作用

配置在钢筋混凝土构件中的钢筋,按其在构件中所起的作用不同,分为以下几类(图 12-1):

① 受力钢筋:承受构件内产生的拉力或压力,主要配置在梁、板、柱等混凝土构件中。

② 箍筋:承受构件内产生的部分剪力和扭矩,并固定构件内受力筋的位置,将构件承受的荷载均匀地传给受力筋,主要配置在梁、柱内。

③ 架立筋:固定箍筋的位置,与受力筋和箍筋一起构成钢筋骨架,一般配置在梁的受压区外缘两侧。

④ 分布筋:固定受力筋的位置,并与受力筋一起构成钢筋网。有效地将荷载传递到受力筋上,同时可防止由于温度或混凝土收缩等原因引起的混凝土开裂,一般配置在板上层。

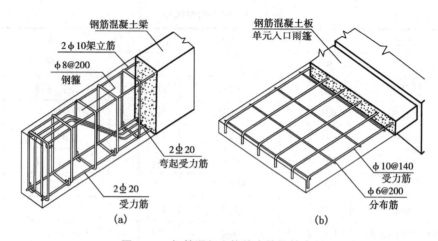

图 12-1　钢筋混凝土构件中的钢筋类型

⑤ 构造筋:满足构件构造上的要求或安装需要。

（2）钢筋的种类与符号

在现行《混凝土结构设计规范》中,对钢筋的标注按其产品种类不同分别给予不同的符号,目前采用最多的钢筋为 HRB400 级钢筋(用 Φ 符号表示)、HRB335 级钢筋(用 Φ 符号表示)、HPB235 级钢筋(用 Φ 符号表示)。

（3）钢筋的图示方法

在结构施工图中,由于钢筋的种类和作用不同,往往形状也不同。钢筋的图例应符合表 12-4 的规定。

表 12-4　钢筋图例

序号	名称	图例	说明
1	钢筋横断面	●	—
2	无弯钩的钢筋端部		下图表示长、短钢筋投影重叠时,短钢筋的端部用 45°斜画线表示
3	带半圆形弯钩的钢筋端部		—
4	带直钩的钢筋端部		—
5	带丝扣的钢筋端部		—
6	无弯钩的钢筋搭接		—
7	带半圆弯钩的钢筋搭接		—
8	带直钩的钢筋搭接		—
9	花篮螺丝钢筋接头		—
10	机械连接的钢筋接头		用文字说明机械连接的方式(如冷挤压或直螺纹等)

钢筋的绘制应符合国家现行《建筑结构制图标准》(GB/T 50105—2010)的规定(表 12-5)。

表 12-5　钢筋的画法

序号	说明	图例
1	在结构楼板图中配置双层钢筋时,底层钢筋的弯钩应向上或向左、顶层钢筋的弯钩则向下或向右	(底层)　(顶层)
2	钢筋混凝土墙体配双层钢筋时,在配筋立面图中,远面钢筋的弯钩应向上或向左,而近面钢筋的弯钩向下或向右(JM 近面,YM 远面)	
3	若在断面图中不能表达清楚的钢筋布置,应在断面图外增加钢筋大样图(如:钢筋混凝土墙、楼梯等)	
4	图中所表示的箍筋、环筋等若布置复杂时,可加画钢筋大样及说明	
5	每组相同的钢筋、箍筋或环筋,可用一根粗实线表示,同时用一两端带斜短划线的横穿细线,表示其余钢筋及起止范围	

(4) 保护层与弯钩。为了防止构件中的钢筋被锈蚀,加强钢筋与混凝土的黏结力,构件中的钢筋不允许外露,构件表面到钢筋外缘必须有一定厚度的混凝土,这层混凝土称为钢筋的保护层。保护层的厚度因构件不同而异,一般情况下,梁和柱的保护层的厚度为 25 mm,板的保护层的厚度为 10~15 mm。

光面钢筋的黏结性能较差,除直径 12 mm 以下的受压钢筋、焊接网或焊接骨架中的光面钢筋外,其余光面钢筋的末端均应设置弯钩;带肋钢筋与混凝土的黏结力强,两端可不做弯钩。钢箍两端在交接处也要做出弯钩。

(5) 钢筋的标注。钢筋数量、型号等的标注是构件表达的重要内容表达方式如图 12-2所示。

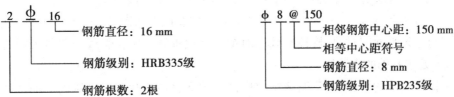

图 12-2　钢筋混凝土构件中的钢筋类型

第二节　基础施工图识读

基础图是建筑物地下部分承重结构的施工图,包括基础平面图、基础详图和设计说明等。基础设计说明的主要内容是明确室内地面的设计标高及基础埋深、基础持力层及其承载力特征值、基础的材料,以及对基础施工的具体要求(当在结构设计说明中未表达时)。基础图是基础施工定位放线、开挖基础(坑)、基础施工、计算基础工程量的依据。

一、基础平面图

(一) 基础平面图的形成和作用

用一个水平剖切平面沿建筑底层地面下一点剖切建筑,将剖切平面上面的部分去掉,并移去回填土所得到的水平投影图,称为基础平面图。它主要表达基础的平面位置、形式及其种类,是基础施工时定位、放线、开挖基坑的依据。

(二) 基础平面图的图示内容

基础平面图的图示内容如下:

(1) 基础的尺寸和标高,基础底面形状、大小及其与轴线的关系;

(2) 基础、柱、构造柱的水平投影的位置和编号;

(3) 基础构件配筋情况;

(4) 与基础详图相对应的剖切索引符号;

(5) 施工内容的有关补充说明。

(三) 基础平面图的图示要求

基础平面图的图示要求如下:

(1) 图名、比例一般与对应建筑平面图一致,如 1∶100;

(2) 定位轴线及编号、轴线尺寸须与对应建筑平面图一致;

(3) 在基础平面图中只须画出基础墙、基础梁、柱以及基础底面的轮廓线;

(4) 基础墙、基础梁的轮廓线为粗实线,基础底面的轮廓线为细实线,柱子的断面一般涂黑,基础细部的轮廓线通常省略不画,各种管线及其出入口处的预留孔洞用虚线表示。

(四) 基础平面图识图示例

阅读基础平面图时,要看基础平面图与建筑平面图的定位轴线是否一致,注意了解墙厚、基础宽、预留洞的位置及尺寸、剖面及剖面的位置等。

现以某工程基础结构平面图为例(图 12-3),介绍基础平面图识读方法。

(1) 查看图名、比例。由图可知该图为某项目的基础平面图,比例为 1∶100。

(2) 与建筑平面图对照,校核基础平面图的定位轴线。定位轴线与建筑平面图轴线相一致,基本处于基础的中轴线。

(3) 根据基础的平面布置,明确结构构件的种类、位置、代号及基础的平面尺寸。从图中可以了解到该建筑的基础为独立基础,由于受力等不同,基础的底面尺寸也不同,为了便

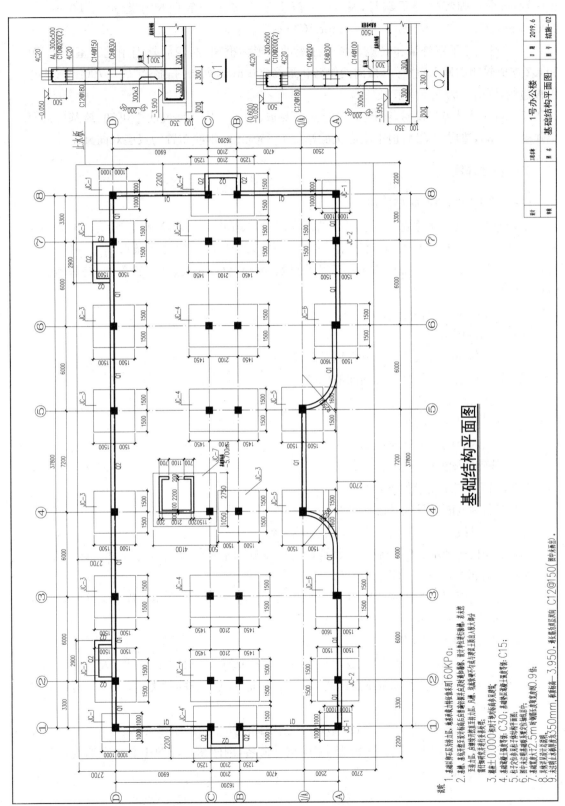

基础结构平面图

图 12-3 基础结构平面图

说明:
1. 基础设置在非岩石层. 地基承载力特征值 160KPa;
2. 基槽 基坑开挖应在设计标高后应控制钎探并做好素土回夯.本工程各土层土基础开挖时应有专人开挖观察并做好素土回填并做好记录. 凡属 地基承载不合符要求应与设计土基层以基坑大部分雷管控制开挖时应做类表;
3. 垫层土0.000 基础钢筋混凝土强度等级 C15;
4. 基础混凝土强度等级: C30. 基础验收垫层土强度等级 C15;
5. 柱子空包见柱子钢筋及锚固图;
6. 墙中未注明基础保护层钢筋做锚B内;
7. 基础配筋大于2.5m时钢筋搭接量应每边减0.9倍.
8. 垫层设计时设置.
9. 大泡混土保护层厚度为50mm, 顶垫结-3.950, 顶层为混凝土防C12@150(顶水面部).

基础结构平面图

项目 1号办公楼

图名 基础结构平面图

图号 结施 02

日期 2019.6

217

于区别,每个基础都进行了编号,从 J—1 至 J—7。各基础底面尺寸也为 2 000 mm×2 000 mm(JC1)～3 000 mm×5 000 mm(JC4)不等。

(4) 读柱、地下室外墙和底板。图中涂黑的矩形为框架柱,四周外围用地下室外墙 Q1 和 Q2 连成封闭的地下室空间,横向两侧各扩展 2 200 mm,纵向两侧各扩展 2 700 mm 为止水板边线,同时作为地下室底板。

(5) 阅读基础施工说明,明确基础的施工要求、用料。从文字说明中可知,该基础混凝土强度为 C30,垫层为 C15,地下室底板的厚度为 350 mm,钢筋布置为双层双向ϕ12@150。

二、基础详图

(一) 基础详图的形成与作用

基础详图是将基础垂直切开所得到的断面图,结构相同的只须绘制一个,结构不同的应分别编号绘制。对独立基础,有时还附一张单个基础的平面图;对柱下条形基础,也可采用只画一个的简略画法。基础详图表示基础的形状、大小、材料、构造和埋置深度,是基础施工的重要依据。

(二) 基础详图的图示内容

基础详图的图示内容如下:

(1) 基础断面的形状、尺寸、材料以及配筋;

(2) 室内外地面标高及基础底面的标高;

(3) 基础梁或圈梁的尺寸及配筋;

(4) 垫层的尺寸及做法;

(5) 施工内容的有关补充说明。

(三) 基础详图的图示要求

基础详图的图示要求如下:

(1) 图名为剖断编号或基础代号及其编号,如 1—1 或 J1;

(2) 定位轴线及其编号与对应基础平面图一致;

(3) 不同构造的基础应分别画出其详图。当基础构造相同而仅部分尺寸不同时,也可用一个详图表示,但须标出不同部分的尺寸;

(4) 基础断面图的边线一般用粗实线画出,断面内应画出材料图例;若是钢筋混凝土基础,则只画出配筋情况,不画出材料图例。

(四) 基础详图识图示例

基础详图由平面图和剖面图组成。平面图表示各种类型基础的平面尺寸及与定位轴线的关系;剖面图表示基础底面和顶面标高,底板横向筋和纵向筋的种类、直径、间距,垫层厚度、材料及基础断面形状等。

现以某工程基础详图为例(图 12-4),介绍基础详图施工图的识读方法。

(1) 查看图名、比例。详图平面图以基础编号命名,剖面图与详图中心线上的剖切符号对应,比例为 1∶50。

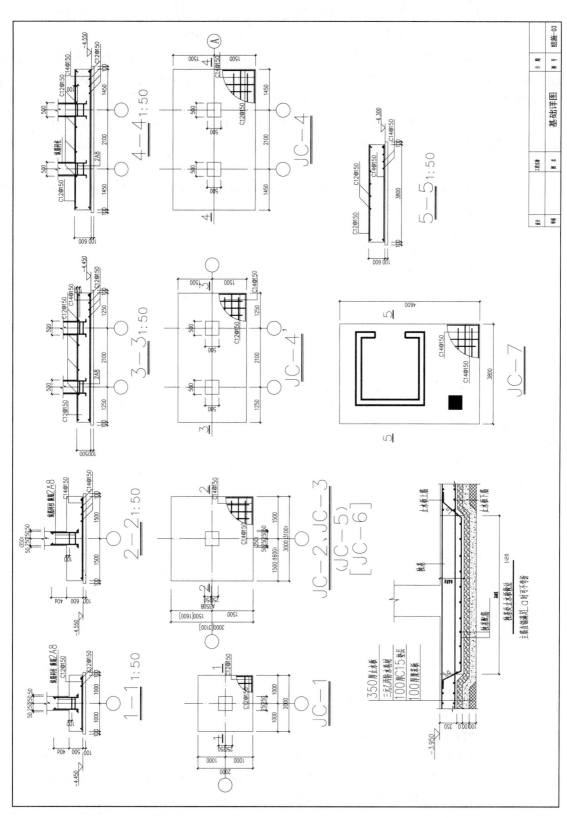

图 12-4 基础详图

（2）识读基础的形状、大小及材料。以 JC1 为例,该基础为矩形独立基础,其基础底面尺寸为 2 000 mm×2 000 mm,框架柱截面尺寸为 500 mm×500 mm,轴线位于其中心线上。

（3）识读基础各部位的标高及垫层厚度,计算基础的埋置深度。从 JC1 剖面图可知基础的底标高为−4.450,基础高度为 500 mm,基础底面设有 100 mm 厚的 C15 混凝土垫层,每边超出基础底面 100 mm。

（4）识读基础的配筋情况。JC1 在基础底部配有$\pm$12 钢筋,双向间距均为 150 mm,竖向钢筋与上部框架柱的钢筋相同,基础内设两道矩形封闭箍筋 2Φ8（非复合箍）。JC4 因为是双柱独立基础,因此基础在双层双向均配有钢筋。

（5）识读基础梁或底板的尺寸及配筋情况。该基础布置形式无基础梁,但布置了厚度为 350 mm 的底板,在详图中可了解到底板的具体做法为:最底下铺设 100 mm 厚聚苯板,然后浇筑 100 mm 厚 C15 垫层,再铺设三元乙丙防水卷材,最后浇筑 350 mm 厚 C30 混凝土。

第三节　钢筋混凝土柱、梁、板平法施工图的识读

一、平法施工图概述

为提高设计效率、简化绘图流程、改革传统的逐个构件表达的烦琐设计方法,我国推出钢筋混凝土结构施工图平面整体表示方法,简称为"平法"。所谓"平法",就是将结构构件的尺寸和配筋等信息,按照平面整体表示方法制图规则,直接表达在各类构件的结构平面布置图上,再与标准构造详图相配合,即构成一套完整的结构设计。这种表达可大大减少传统设计中大量同值性重复表达的内容,从而使结构设计方便、表达准确全面、数值唯一,易随机修正,提高设计效率;表达顺序与施工一致,利于施工检查。

"平法"经过十几年的发展,已在设计、施工、造价和监理等诸多建筑领域得到广泛的应用,制图规则和结构构造也在不断完善中,目前最新的平法结构图集为 G101 系列,包括 16G101-1（现浇混凝土框架、剪力墙、梁、板）、16G101-2（现浇混凝土板式楼梯）、16G101-3（独立基础、条形基础、筏形基础及桩基承台）等。

下面通过柱、梁、板平法施工图介绍建筑结构施工图平面整体表示方法。

二、柱平法施工图的识读

柱平法施工图是在柱平面布置图上,采用截面注写方式或列表注写方式,表示柱的截面尺寸和配筋等具体情况的平面图。它主要表达了柱的代号、平面位置、截面尺寸、与定位轴线的几何关系和配筋等内容。

（一）柱的列表注写方式

列表注写方式是指在柱平面布置图上,分别在同一编号的柱中选择一个或几个截面标注与轴线的关系、几何参数代号,通过列表注写柱号、柱段起止标高、几何尺寸与配筋具体数值,并配以各种柱截面形状及其箍筋类型图说明箍筋形式的方式,如图 12-5 所示。

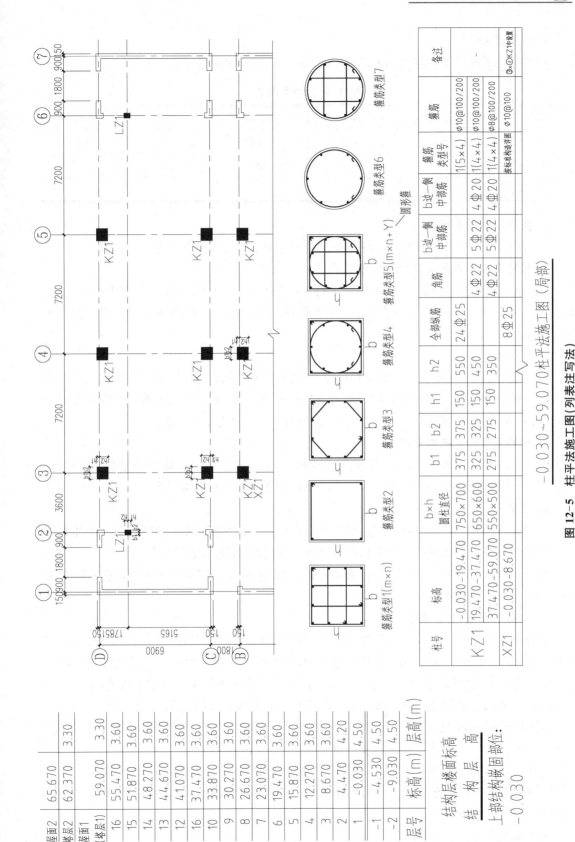

图 12-5 柱平法施工图（列表注写法）

221

1. 柱的编号

柱编号由类型代号和序号组成,且符号应符合表 12-6 的规定。

表 12-6　柱编号规定

柱类型	代号	序号	柱类型	代号	序号
框架柱	KZ	××	梁上柱	LZ	××
框支柱	KZZ	××	剪力墙上柱	QZ	××
芯　柱	XZ	××			

2. 各柱段的起止标高

自柱根部往上以变截面位置或截面未变但配筋改变处为界分段注写。

3. 柱截面尺寸及其与定位轴线的关系

对于矩形柱,注写截面尺寸 $b \times h$ 及与轴线关系的几何参数代号 b1、b2 和 h1、h2 的具体数值。其中,$b=b1+b2$,$h=h1+h2$。对于圆柱,表中 $b \times h$ 一栏改用在圆柱直径数字前加 D 标识。

4. 柱纵筋

当柱纵筋直径相同,各边根数也相同时,将纵筋写在"全部纵筋"一栏中;除此之外纵筋一般分角筋、截面 b 边中部钢筋和 h 边中部钢筋,分别注写(采用对称配筋的可仅注写一侧中部钢筋,对称边省略不写)。当为圆柱时,表中角筋一栏注写全部纵筋。

5. 箍筋类型号及箍筋肢数

箍筋类型号表示两个内容,一是箍筋类型编号 1, 2, 3, …;二是箍筋的肢数,注写在括号里,前一个数字表示沿 b 方向的肢数,后一个数字表示沿 h 方向的肢数。

6. 箍筋

包括钢筋级别、直径与间距。标注时,用斜线"/"区分柱端箍筋加密区与柱身非加密区长度范围内箍筋的不同间距。当箍筋沿全高为一种间距时,则不使用"/"。

例如:Φ10@100/200 表示箍筋为 HPB300 级钢筋,直径为 10 mm,加密区间距为 100 mm,非加密区间距为 200 mm。

(二) 柱的截面注写方式

柱平法施工图截面注写方式与柱平法施工图列表注写方式大致相同,不同的是在施工平面布置图中同一编号的柱选出一根柱为代表,在原位置上按比例放大到能清楚表示轴线位置和详尽的配筋为止,它代替了柱平法施工图列表注写方式的截面类型和柱表;另外一个不同是截面注写方式需要每个柱段绘制一个柱平法施工图,而列表注写方式不用。

截面注写方式适用于各种结构类型,采用截面注写方式时,在柱截面配筋图上直接引注的内容有柱编号、柱高(分段起止高度)、截面尺寸、纵向钢筋及箍筋。

(1)柱编号。柱编号由柱类型代号和序号组成,同列表注写方式。例如,KZ1。

(2)柱高。此项为选注值。当需要注写时,可以注写为该段柱的起止层数,也可以注写为该段柱的起止标高。

(3)截面尺寸。同列表注写。

（4）纵向钢筋。当纵筋为同一直径时，无论为矩形截面还是圆形截面，均注写全部纵筋。当矩形截面的角筋与中部筋直径不同时，按"角筋＋b边中部筋＋h边中部筋"的形式注写，例如，4ϕ25＋10ϕ22＋10ϕ22表示角筋为4ϕ25，b边中部筋为10ϕ22（每边5ϕ22），h边中部筋为10ϕ22（每边5ϕ22）。

（5）箍筋，包括钢筋级别、直径与间距。当圆柱采用螺旋箍时，需在箍筋前加"L"，箍筋的肢数及复合方式在柱截面配筋图上表示。当为抗震设计时，用"/"区分箍筋加密区与非加密区长度范围内箍筋的不同间距；当箍筋沿柱全高为一种间距时（如柱全高加密的情况），则不使用"/"。

（三）柱平法施工图的识读示例

1. 柱平法施工图列表注写方式的识读示例

柱平法施工图列表注写方式的识读要结合图、表进行。下面以图12-5中的KZ1为例，介绍其识读方法。

从图中查明柱KZ1的平面位置及与轴线的关系，然后结合图、表进行阅读。可以看出，该柱分3个标高段，－0.030～19.470 m为第1个标高段，柱的断面为750 mm×700 mm。b方向中心线与轴线重合，左右都为375 mm。h方向偏心，h1为150 mm，h2为550 mm。全部纵筋为24根ϕ25的HRB400级钢筋。箍筋选用类型号1（5×4），表示箍筋类型编号为1，箍筋肢数沿b方向为5肢，沿h方向为4肢。加密区的箍筋为ϕ10@100的HPB300钢筋，等间距间隔100 mm。非加密区为ϕ10@200的HPB300钢筋，等间距间隔200 mm。

19.470～37.470 m为第2个标高段，柱的断面为650 mm×600 mm。b方向中心线与轴线重合，左右都为325 mm。h方向偏心，h1为150 mm，h2为450 mm。四个大角钢筋为4根ϕ22的HRB400级钢筋。b边一侧中部钢筋为5根ϕ22的HRB400级钢筋，即b边两侧中部钢筋共配10根直径为ϕ22的HRB400钢筋。h边一侧中部钢筋为4根ϕ20的HRB400钢筋，即h边两侧中部钢筋共配8根直径为20的HRB400钢筋。故在19.470～37.470 m范围内一共配有ϕ22的HRB400级钢筋14根和ϕ20的HRB400级钢筋8根。箍筋选用类型号1（4×4），表示箍筋类型编号为1，沿b方向为4肢，沿h方向也为4肢，箍筋的配置同第一个标高段。

37.470～59.070 m为第3个标高段，柱的断面为550 mm×500 mm，其平法识读同第1，2段，不再赘述。

2. 柱平法施工图截面注写方式的识读示例

以图12-6中的KZ1为例，介绍柱平法施工图截面注写方式的阅读方法。

可以看出，在同一编号的框架柱KZ1中选择1个截面放大，直接注写截面尺寸和配筋数值。该图表示的是19.470～37.470 m标高段的柱的断面尺寸及配筋情况。其他均与列表注写方式和常规的表示方法相同，不再赘述。

三、梁平法施工图识读

梁平法施工图是在梁结构平面图上，采用平面注写方式或截面注写方式来表示梁的截面尺寸和钢筋配置的施工图。

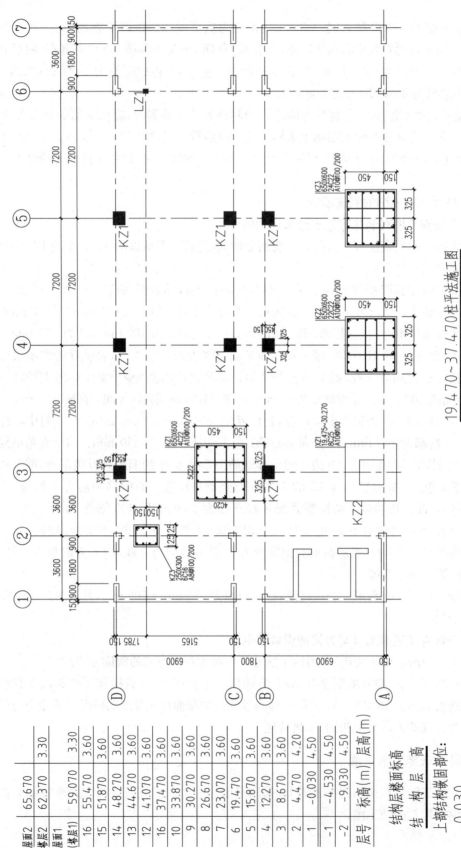

图 12-6 柱平法施工图（截面注写法）

(一) 梁的平面注写方式

梁平面注写方式是指在梁平面布置图上,分别在每一种编号的梁中选择一根梁,在其上注写截面尺寸和配筋具体数值,如图 12-7 所示。它有集中标注和原位标注两种。集中标注注写梁的通用数值,原位标注注写梁的特殊数值。当集中标注中的某项数值不适用于梁的某部位时,则将该项数值原位标注,施工时原位标注取值优先,即图中的原位标注 8@100(2)优于集中标注 8@100/200(2)。

图 12-7 中四个梁截面系采用传统表示方法绘制,用于对比按平面注写方式表达相同的内容,实际采用平面注写方式表达时,不需要绘制梁截面配筋图和图中的相应截面号。

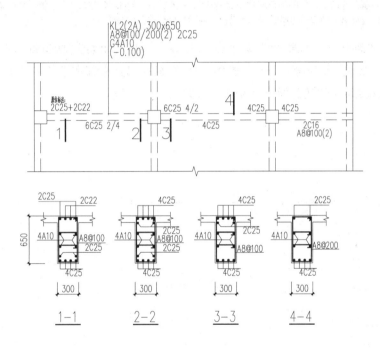

图 12-7 梁的集中标注和原位标注

1. 集中标注

集中标注的内容包括五项必注值(梁的编号、截面尺寸、箍筋、上部通长筋或架立筋配置、侧面纵向构造钢筋或受扭钢筋)和一项选注值(高差值)。

(1) 梁的编号。注写前应对所有梁进行编号,梁的编号由梁类型代号、序号、跨数及有无悬挑代号几项组成。其含义见表 12-7。

表 12-7 梁的编号

梁类型	代号	序号	跨数及是否带有悬挑
楼层框架梁	KL		
楼层框架扁梁	KBL	××	(××),(××A)或(××B)
屋面框架梁	WKL		

梁类型	代号	序号	跨数及是否带有悬挑
框支梁	KZL		
托柱转换梁	TZL		
非框架梁	L	××	(××),(××A)或(××B)
悬挑梁	XL		
井字梁	JZL		

注：(××A)为一端有悬挑,(××B)为两端有悬挑,悬挑不计入跨数。例如:KL7(5A)表示第 7 号框架梁,5 跨,一端有悬挑;L9(7B)表示第 9 号非框架梁,7 跨,两端有悬挑,但悬挑不计入跨数。

(2) 梁的截面尺寸。如果为等截面梁时,用 $b \times h$ 表示;如果为加腋梁时,用 $b \times h\ Yc1 \times c2$ 表示,Y 表示加腋,$c1$ 为腋长,$c2$ 为腋高;如果有悬挑梁且根部和端部的高度不同时,用斜线分隔根部与端部的高度值,即为 $b \times h1/h2$,如图 12-8 所示。

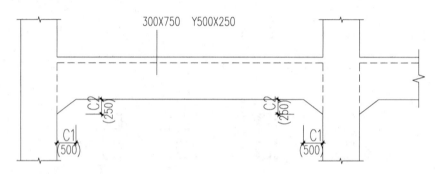

(a) 竖向加腋截面注写示意

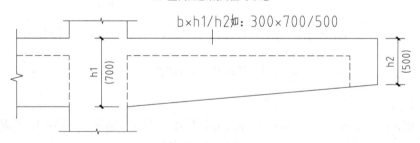

(b) 悬挑梁不等高截面尺寸注写示意

图 12-8 梁的截面尺寸注写

(3) 梁的箍筋,包括钢筋级别、直径、加密区与非加密区间距及肢数等。箍筋加密区与非加密区不同间距及肢数应用"/"分隔,箍筋肢数应写在括号内。

例如:Φ10@100/200(4)表示箍筋为 HPB300 级钢筋,直径为 10 mm,加密区间距为 100 mm,非加密区间距为 200 mm,均为四肢箍。

(4) 梁上部的通长筋及架立筋根数和直径。当它们在同一排时,应用"＋"将通长筋与架立筋相连,注写时应将角部纵筋写在加号的前面,架立筋写在加号后面的括号内,以示不同直径及与通长筋的区别。

例如：2Φ22＋(4Φ12)，其中 2Φ22 为通长筋，4Φ12 为架立筋。

当梁的上部纵筋和下部纵筋为全跨相同，且多数跨配筋相同时，该项可以加注下部纵筋的配筋值，用分号(；)将上部与下部纵筋的配筋值分隔开。

例如：2Φ22；3Φ20 表示梁的上部配置了通长筋 2 根直径为 22 mm 的 HRB400 级钢筋，下部配置了通长筋 3 根直径为 20 mm 的 HRB400 级钢筋。

(5) 梁侧面纵向构造钢筋或受扭钢筋配置的注写，应按以下要求进行：当梁腹板高度 hw≥450 mm 时，须配置纵向构造钢筋，在配筋数量前加大写字母"G"，注写的钢筋数量为梁两个侧面的总配筋值，且为对称配置。当梁侧面配置受扭纵向钢筋时，在配筋数量前加"N"，注写的钢筋数量为梁两个侧面的总配筋值，为对称配置。

例如：G4Φ10，表示梁的两个侧面共配置了 4 根直径为 10 mm 的 HPB300 级钢筋，每侧各配置 2 根。

(6) 梁顶面标高高差，是指相对于结构层楼面标高的高差值，对于位于结构夹层的梁，则指相对于结构夹层楼面标高的高差。若有高差，须将其写入括号内，无高差时则不注。当某梁的顶面高于所在结构层的楼面标高时，其标高高差为正值；反之，为负值。

2. 原位标注

原位标注主要标注梁支座上部纵筋(指该部位含通长筋在内的所有纵筋)及梁下部纵筋，或当梁的集中标注内容不适用于等跨梁或某悬挑部分时，则以不同数值标注在其附近。

(1) 梁支座上部的纵筋含通长筋在内的所有纵筋，注写在梁上方，且靠近支座。当多于一排时，用"/"将各排纵筋自上而下分开，例如：6Φ25 4/2 表示上部纵筋为 4Φ25，下部纵筋为 2Φ25。

当梁中间支座两边的上部纵筋不同时，须在支座两边分别标注；当梁中间支座两边的上部纵筋相同时，可仅在支座一边标注配筋值，另一边省略不注。

(2) 梁下部纵筋。当下部纵筋多于一排时，用"/"将各排纵筋自上而下分开。例如：6Φ25 2/4 表示上部纵筋为 2Φ25，下部纵筋为 4Φ25。当同排钢筋有两种直径时，用"＋"将两种直径纵筋相连，注写时将角部纵筋写在前面。

(3) 主次梁相交处的附加箍筋或吊筋直接画在平面图中主次梁交点的主梁上，用引线引注总配筋数值(附加箍筋的肢数注在括号内)(图 12-9)。当多数附加箍筋或吊筋相同时，可在梁平法施工图上统一注明，少数不同的再原位引注，并加以标注。图中 2Φ18 为附加吊筋(又称元宝筋)，8Φ8@50(2)为附加箍筋。

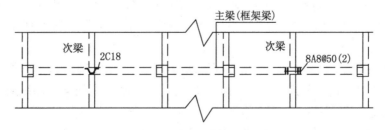

图 12-9 附加箍筋和吊筋的画法示例

3. 梁钢筋平法示意图(图12-10)

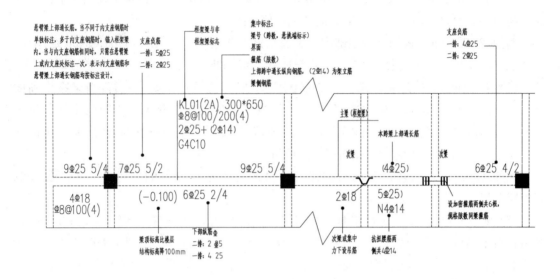

悬臂梁上部通长筋。当不同于内支座钢筋时单独标注,多于内支座钢筋时,锚入框架梁内。当与内支座钢筋相同时,只需在悬臂梁上或内支座处标注一次,表示内支座钢筋和悬臂梁上部通长钢筋均按标注设计。

支座负筋:
一排:5Φ25
二排:2Φ25

框架梁与非框架梁标志

集中标注:
梁号(跨数,悬挑端标示)
界面
箍筋(肢数)
上部跨中纵向钢筋,(2Φ14)为架立筋
梁侧钢筋

支座负筋
一排:4Φ25
二排:2Φ25

KL01(2A) 300*650
Φ8@100/200(4)
2Φ25+ (2Φ14)
G4C10

主梁(框架梁)

本跨梁上部通长筋

次梁   次梁

(4Φ25)

9Φ25 5/4   7Φ25 5/2   9Φ25 5/4   6Φ25 4/2

4Φ18
Φ8@100(4)   (−0.100)   6Φ25 2/4   2Φ18   5Φ25)   设加密箍筋两侧共6根,规格按数同梁箍筋

梁顶标高比楼层结构标高降100mm

下部纵筋Φ
二排:2 Φ25
一排:4 25

N4Φ14

次梁或集中力下设吊筋

抗扭腰筋两侧共4Φ14

图12-10 梁钢筋平法示意图

(二)梁的截面注写方式

截面注写方式是在分层绘制的梁平面布置图上,分别在不同编号的梁中各选择一根梁,用单边截面号画在该梁上,再引出配筋图,并在其上注写截面尺寸和配筋具体数值的方式。具体来讲,就是对梁按规定进行编号,相同编号的梁中选择一根梁,先将单边剖切符号画在梁上,再画出截面配筋详图,在配筋详图上直接标注截面尺寸,并采用引出线方式标注上部钢筋、下部钢筋、侧面钢筋和箍筋的具体数值。当某梁的顶面标高与结构层的楼面标高不同时,应在梁编号后注写梁顶面标高高差。

截面注写方式可以单独使用,也可与平面注写方式结合使用。

(三)梁平法施工图识读实例

1. 平面注写方式

以图12-11中的KL1(4)为例,该梁编号为KL1(4),表示该梁为1号框架梁,共有4跨,截面高为700 mm,宽为300 mm。配筋情况如下。

(1)上部钢筋:集中标注里的2Φ25为上部通长钢筋,因②—③轴支座间梁较短,其上部的原位标注8Φ25 4/4为该梁的上部通长筋(根据原位标注优先原则含集中标注里的2Φ25),其余梁上的支座负筋均为8Φ25 4/4(下排4Φ25,上排4Φ25,上排同样了2Φ25通长筋)。

(2)下部钢筋:②—③轴支座间梁下部纵筋为5Φ25,③—④轴和⑤—⑥轴支座间梁下部纵筋均为双排7Φ25 2/5(下排5Φ25,上排2Φ25),④—⑤轴支座间梁下部纵筋均为双排8Φ25 3/5(下排5Φ25,上排3Φ25)。

梁的侧面配置G4Φ10纵向构造钢筋,每侧2根共配置4根,而⑤—⑥轴支座梁根据原位标注优先原则,侧面配置N4Φ16纵向抗扭钢筋,每侧2根共配置4根,

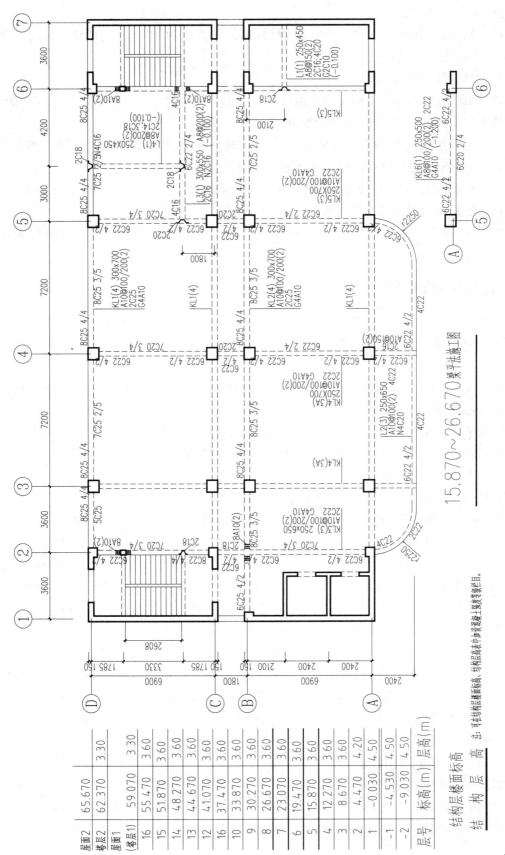

图 12-11 梁平法施工图(平面注写)

（3）箍筋：采用ϕ10@100/200（2）钢筋，加密区间距为100 mm，非加密区间距为200 mm，两肢箍。

2. 截面注写方式

以图12-12中的L3(1)为例，该梁编号为L3(1)，表示该梁为3号非框架梁，共有1跨，截面高为550 mm，宽为300 mm。配筋情况如下。

（1）上部钢筋：2$\underline{\phi}$16为上部通长钢筋角筋。⑤轴、⑥轴支座1截面纵筋为单排4$\underline{\phi}$16（其中2$\underline{\phi}$16在外侧为通长筋）；跨中截面上部纵筋为通长筋2$\underline{\phi}$16。

（2）下部钢筋：⑤轴、⑥轴支座间梁下部纵筋为双排6$\underline{\phi}$22 2/4（下排4$\underline{\phi}$22，上排2$\underline{\phi}$22）。梁的侧面配置N2$\underline{\phi}$16纵向抗扭钢筋，每侧1根，共配置2根。

（3）箍筋：采用ϕ8@200钢筋，间距为200 mm。梁顶面标高低于同层楼板面-0.100 m。

三、板平法施工图

现浇板配筋图的表达在平法施工图中分有梁楼盖平法施工图和无梁楼盖平法施工图。下面以有梁楼盖平法施工图为例说明，它适用于以梁为支座的楼面与屋面板平法施工图。

现浇楼盖中板的配筋图表达方式有两种，一种是传统表示法，一种是平面表示法。传统表示法主要有两种，一种是用平面图与剖面图相结合，表达板的形状、尺寸及配筋；另一种是在结构平面布置图上，直接表示板的配筋形式和钢筋用量。板的平面表示法则是在第二种传统表示法的基础上，进一步简化配筋图表达的一种新方法，如图12-13所示。

（一）板平面注写方式

板平面注写方式主要包括板块集中标注和板支座原位标注两种方式。

（1）板块集中标注的内容为板块编号（两向均以一跨为一块板）、板厚、上部（T）下部（B）纵向贯通钢筋以及当板面标高不同时的标高高差。板块编号分楼面板LB、屋面板WB、悬挑板XB等。图12-13中，LB5，h＝150，B：X10@135；Y10@110，表示5号楼面板，板厚150 mm，板下部配置的贯通纵筋X向为10@135，Y向为10@110；板上部未配置贯通钢筋。

（2）板支座原位标注的内容为板支座上部非贯通纵筋和悬挑板上部受力筋，应在配置相同跨的第一跨表达（当在梁悬挑部位单独配置时则表达在原位标注），如图12-14所示。在配置相同跨的第一跨（或梁悬挑部位），垂直于板支座（梁或墙）绘制一段适宜长度的中粗实线（当该筋通长设置在悬挑板或短跨板上部时，实线段应画至对边或贯通短跨），以该线段代表支座上部非贯通纵筋，并在线段上方注写钢筋编号（如①、②等）、配筋值、横向连续布置的跨数（注写在括号内，且当为一跨时可不注），以及是否横向布置到梁的悬挑端。板支座上部非贯通筋自支座中线或边线向跨内的伸出长度，注写在线段的下方位置。

（二）板平法施工图的识读示例

以图12-13中的板平法施工图为例，介绍板平法施工图的识读方法。

从图中可以看出，集中标注的板块LB1～LB5，其中LB2（楼板2），h＝150 mm（板厚），B：X10@150；Y8@150，板下部配置的贯通纵筋X向为10@150，Y向为8@150，板上部未配

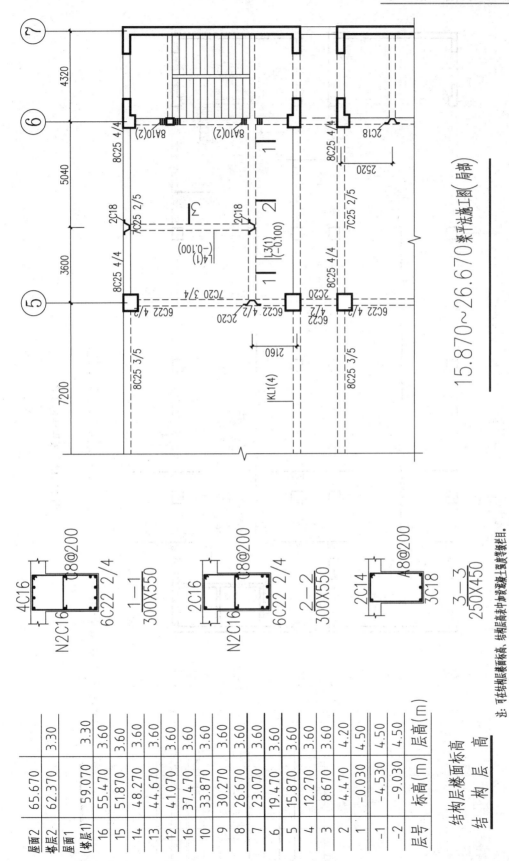

15.870～26.670梁平法施工图(局部)

图 12-12 梁平法施工图(截面注写)

注:可在结构层楼面标高、结构层高表中一并注明与标高对应的栏目。

结构层楼面标高 结 构 层 高		
屋面2	65.670	3.30
塔层2	62.370	3.60
屋面1(塔层1)	59.070	3.60
16	55.470	3.60
15	51.870	3.60
14	48.270	3.60
13	44.670	3.60
12	41.070	3.60
16	37.470	3.60
10	33.870	3.60
9	30.270	3.60
8	26.670	3.60
7	23.070	3.60
6	19.470	3.60
5	15.870	3.60
4	12.270	3.60
3	8.670	3.60
2	4.470	4.20
1	-0.030	4.50
-1	-4.530	4.50
-2	-9.030	4.50
层号	标高(m)	层高(m)

231

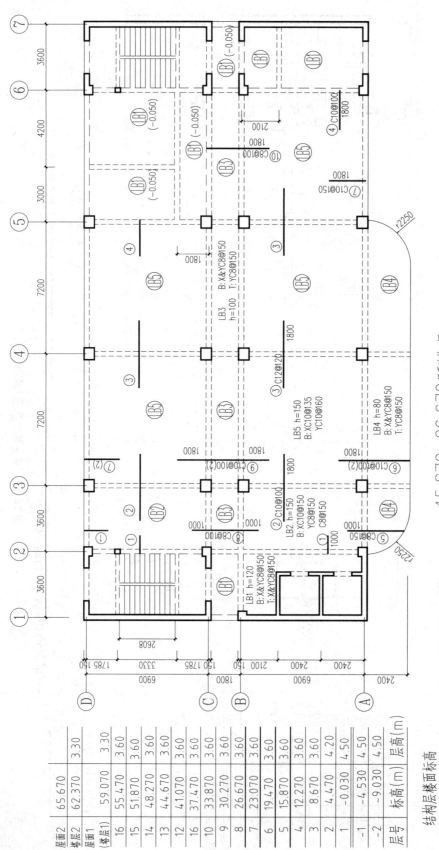

15.870~26.670 板平法施工图

图12-13 板平法施工图

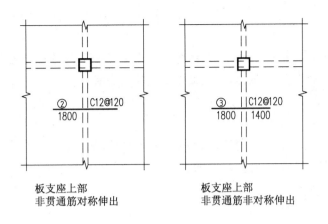

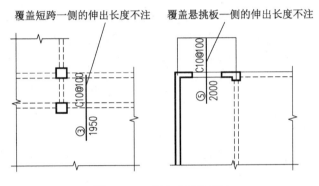

图 12-14 板支座原位标注

置贯通钢筋。LB3(楼板 3),$h=100$ mm(板厚),B:X&Y8@150；T:X8@150；板下部配置的双向贯通纵筋为 8@150,板上部配置的贯通纵筋 X 向为 8@150。

从图中原位标注可以看出,板支座上部非贯通钢筋①～④号、⑦～⑩号和悬挑板上部受力筋⑤号和⑥号,分别在配置相同跨的第一跨和梁悬挑部位表达,垂直于板支座(梁)绘制一段适宜长度的中粗实线。悬挑板上部受力筋⑥号钢筋通长设置在悬挑板上部,配筋值为10@100(2),沿支承梁连续布置两跨,且无梁悬挑端布置,自支座中线向跨内的伸出长度分别为 1 800 mm;板支座上部非贯通筋②号,配筋值为 10@100,自支座中线向跨内对称伸出各 1 800 mm;板支座上部非贯通筋⑨号,配筋值为 10@100(2),该筋通长设置在短跨板上部,沿支承梁连续布置两跨,自支座中线向跨内对称伸出各 1 800 mm。

实训题——建筑、结构施工图综合识读

一、目的

通过实训练习,能进一步掌握建筑施工图和结构施工图的识图技巧,并能将建筑和结构施工图进行对照识读,想象建筑整体,为后续的套价算量奠定良好基础。

二、实训内容

通过扫描二维码,获取该项目建筑和结构施工图的部分图纸的电子资料,根据以上所学内容进行施工图的识图,并完成以下选择题题目。

建筑图纸

结构图纸

三、要求

根据前面教材介绍的识图示例方法,按照"总体了解、顺序识读、前后对照、重点细读"的原则,仔细全面的对全套图纸进行识读。

四、识图步骤和方法

一般先看图纸目录、设计说明和总平面图,了解工程概况,如工程设计单位,建设单位,新建房屋的位置、高程、朝向、周围环境等。对照目录检查图纸是否齐全,采用了哪些标准图集并备齐这些标准图。在总体了解建筑物的概况后,根据图纸编排和施工的先后顺序从大到小、由粗到细,按建施、结施、设施的顺序仔细阅读有关图纸。对建筑施工图来说,先看平面图、立面图、剖面图,再看详图。对结构施工图来说,先看基础图、结构平面布置图,再看构件详图。

五、题目

1. 本工程的南立面为_____。

    A. ①—⑩轴立面   B. ⑩—①轴立面

    C. Ⓐ—Ⓓ轴立面   D. Ⓓ—Ⓐ轴立面

2. 本工程勒脚做法是_____。

    A. 文化石贴面   B. 面砖贴面   C. 花岗岩贴面   D. 未注明

3. 本工程的外窗为_____。

    A. 铝合金窗   B. 塑钢窗   C. 钢窗   D. 未说明

4. 本工程的墙体保温材料为_____。

    A. 聚苯板   B. 聚合物砂浆Ⅱ型

    C. 玻璃棉   D. 岩棉

5. 雨篷构造做法中采用_____防水。

    A. 卷材   B. 涂膜

    C. 防水砂浆   D. 细石防水混凝土

6. 本工程墙体厚度有_____mm。

    A. 100,300   B. 200,300   C. 240,300   D. 300

7. 本工程屋面排水方式采用_____。

    A. 内檐沟   B. 外檐沟   C. 内外檐沟均有   D. 自由落水

8. 四层平面图中共有_____种类型的门。

    A. 2   B. 3   C. 4   D. 6

9. 下列关于轴线设置的说法不正确的是_____。

A. 拉丁字母的 I、O、Z 不得用作轴线编号

B. 当字母数量不够时可增用双子母加数字注脚

C. 1 号轴线之前的附加轴线的分母应以 01 表示

D. 通用详图中的定位轴线应注写轴线编号

10. 图中所绘的 M-2 的开启方向为_____。

    A. 单扇内开   B. 双扇内开   C. 单扇外开   D. 双扇外开

11. 本工程卫生间采用_____防水。

    A. 防水涂料两道   B. 卷材

    C. 防水砂浆   D. 卷材和防水砂浆

12. 本工程基础垫层厚度为_____mm。

    A. 100   B. 120   C. 180   D. 未注明

13. 1♯楼梯第 2 跑梯段水平投影长度为_____mm。

    A. 2 800   B. 1 600   C. 4 480   D. 1 650

14. 1♯楼梯第 1 跑梯段步数为_____。

    A. 11   B. 15   C. 16   D. 17

15. 2♯楼梯梯井宽度为_____mm。

    A. 3 600   B. 3 350   C. 150   D. 未注明

16. 本工程 1—10 轴立面外墙饰面做法有_____种。

    A. 2   B. 3   C. 4   D. 5

17. 三层窗台标高为_____m。

    A. 8.500   B. 8.400   C. 10.300   D. 1.0

18. 本工程框架结构抗震等级为_____。

    A. 一级   B. 二级   C. 三级   D. 四级

19. 本工程中框架柱混凝土强度等级说法正确的是_____。

    A. 全部采用 C25   B. 全部采用 C30

    C. 二层以下 C30,其余均为 C25   D. 图中未明确

20. 入口处台阶每步踢面高度为_____mm。

    A. 150   B. 140   C. 300   D. 250

21. 本工程大厅层高为_____m。

    A. 4.2   B. 4.5   C. 7.5   D. 7.8

22. 本工程建筑高度为_____m(算至檐口顶)。

    A. 15.9   B. 15.3   C. 15.0   D. 15.6

23. 本工程隔汽层做法是_____。

    A. 素水泥浆一道   B. 防水剂一道

    C. 冷底子油一道   D. 一毡二油

24. 本工程二层盥洗室楼面建筑标高为_____。

A. 4.150   B. 4.180   C. 4.200   D. 未注明

25. 建施-3 中 D 轴处窗 GC-1 绘制有误,表示方法正确的是_____。

A.   B.

C.   D.

26. 本工程有关屋面做法正确的是_____。

    A. 材料找坡   B. 结构找坡

    C. 屋面排水坡度 1%   D. 屋面排水坡度 3%

27. 本工程中以下说法错误的是_____。

    A. 建施图中屋面标高为结构面标高   B. 墙体材料采用了加气混凝土砌块

    C. 房间阳角采用 1∶3 水泥砂浆做护角   D. 内门均为实木门

28. 四层平面卫生间窗户洞口尺寸为_____(单位:mm)。

    A. 宽 2 100、高 1 800   B. 宽 1 800、高 2 100

    C. 宽 2 100、高 2 100   D. 宽 1 800、高 1 800

29. 三层楼面的建筑标高为_____m。

    A. 绝对标高 7.500   B. 绝对标高 7.450

    C. 绝对标高 32.450   D. 绝对标高 32.500

30. 二层卫生间板底标高(结构标高)为_____m。

    A. 4.100   B. 4.150   C. 4.000   D. 3.950

31. 下列说法不正确的是_____。

    A. 建筑总平面图中应标明绝对标高   B. 剖切符号应绘制在首层平面图

    C. 指北针应画在首层平面图   D. 构造详图比例一般为 1∶100

32. 1—1 剖面图与平面图不一致的是_____。

    A. 水平方向尺寸   B. 楼层标高   C. 门   D. 窗

33. 1#楼梯间内栏杆高度有_____mm(护窗栏杆除外)。

    A. 900   B. 1 050   C. 900,1 050   D. 以上均不正确

34. ①—⑩轴立面图与平面图中不一致的是_____。

    A. 三层窗   B. 雨篷   C. 女儿墙   D. 门

35. 基础墙体防潮层做法正确的是_____。

    A. −0.060 处设置 20 厚 1∶2 水泥砂浆防潮层

    B. 图中未说明

    C. −0.060 处设置 60 厚 C20 细石混凝土防潮层

    D. 图中说法存在矛盾之处

36. 基础平法施工图中 A—A 断面应为_____。

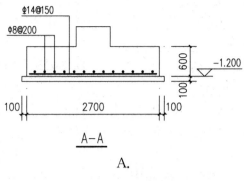

A.

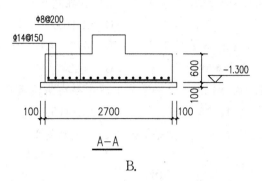

B.

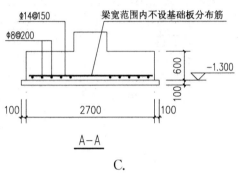

C.

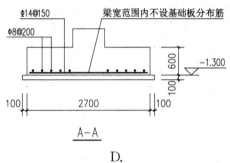

D.

37. 基础平法施工图中 B—B 断面应为 _____。

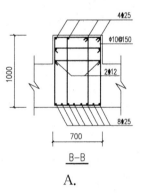

A.

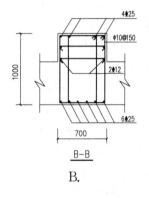

B.

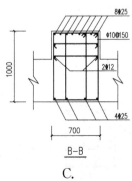

C.

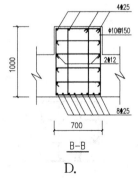

D.

38. 基础平法施工图中③轴处 DJ$_J$01 基底标高为 _____ m。

A. −1.300   B. −2.100   C. −3.400   D. 以上全不正确

237

39. 4.150 m 处梁平法施工图中存在错误或矛盾的是_____。

    A. KL3(3)　　　　　B. KL4(3)　　　　　C. KL5(3)　　　　　D. L3(1)

40. 4.150 m 处梁平法施工图中 KL10(5)支座通长筋为_____。

    A. 4 Φ20　　　　B. 4 Φ22　　　　C. 2 Φ20　　　　D. 2 Φ22

41. 10.750 m 处梁平法施工图中存在错误或矛盾的是_____。

    A. KL13(7)　　　　B. KL14(5)　　　　C. KL18(3)　　　　D. L2(3)

42. 10.750 m 处梁平法施工图中②轴处 KL15(3)的Ⓐ—Ⓑ段跨中截面正确的是_____。

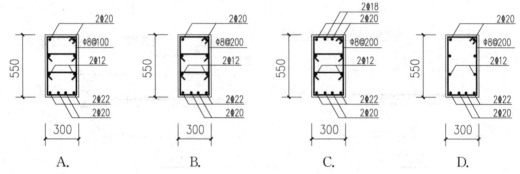

43. 按照平法图集 11G101-1 的要求,当梁侧面构造筋的拉筋未注明时,以下做法不正确的是_____。

    A. 梁宽≤350 mm,拉筋直径 6 mm　　　　B. 梁宽>350 mm 时,拉筋直径 8 mm

    C. 拉筋间距为加密区箍筋间距的两倍　　　　D. 拉筋间距为非加密区箍筋间距的两倍

44. 本工程中基础墙体采用了_____。

    A. MU15 蒸压灰砂砖　　　　　　　　B. 加气混凝土砌块,强度等级 A5

    C. M10 水泥砂浆　　　　　　　　　　D. M5.0 混合砂浆

45. 基础平法施工图中关于"DJ$_P$03,250/150"说法正确的是_____。

    A. DJ$_P$03,250/150 为坡形普通独立基础,端部高度 250、根部高度 400

    B. DJ$_P$03,250/150 为坡形杯口独立基础,端部高度 250、根部高度 400

    C. DJ$_P$03,250/150 为坡形普通独立基础,端部高度 150、根部高度 250

    D. DJ$_P$03,250/150 为坡形杯口独立基础,端部高度 150、根部高度 250

46. ③轴交Ⓓ轴处框架柱标高 11.100 m 处配筋截面应为_____。

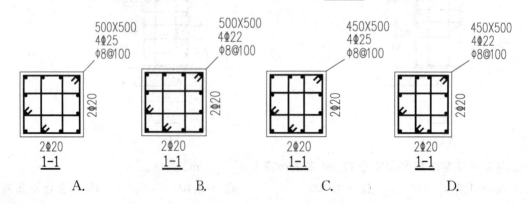

47. ⑥轴交Ⓓ轴标高 12.850 m 处框柱配筋截面应为_____。

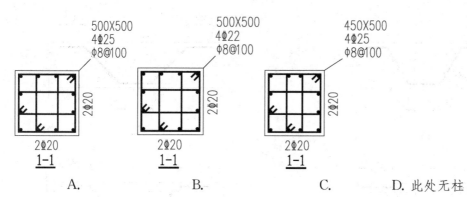

A.　　　　　　B.　　　　　　C.　　　　　D. 此处无柱

48. 基础顶面－15.000 m 柱平法施工图存在错误的是_____。

A. KZ1　　　　B. KZ2　　　　C. KZ5　　　　D. 全部正确

49. 4.150 m 梁平法施工图中所有梁箍筋的型式为_____。

A. 单肢箍　　　　　　　　　B. 双肢箍

C. 四肢箍　　　　　　　　　D. 双肢箍和四肢箍均有

50. 4.150 m 梁平法施工图中 KL7(7)⑤—⑥轴段左支座处截面配筋图正确的为_____。

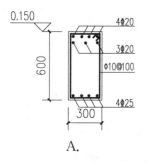

A.

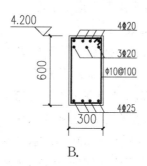

B.

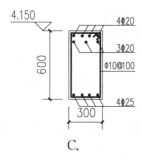

C.

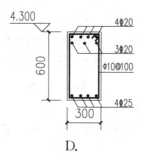

D.

51. 4.150 m 梁、板平法施工图中存在缺漏的是_____。

A. 缺雨篷　　　　　　　　　B. 梁配筋局部未注明

C. 板配筋局部未注明　　　　D. 无缺漏

52. 10.750 m 梁平法施工图中 KL13(7)标注中出现的"G8Φ12"表示_____。

A. 梁侧面构造钢筋　　　　　B. 梁侧面受扭纵筋

C. 架立钢筋　　　　　　　　D. 以上全不正确

53. 10.750 m 梁平法施工图中 KL17(7) 的吊筋构造做法应为_____。

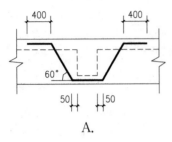

A.

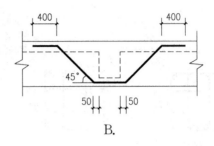

B.

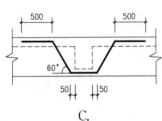

C.

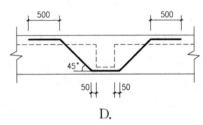

D.

54. 4.150 m 板平法施工图中④—⑤轴的Ⓐ—Ⓑ轴区域楼板的板底钢筋短边方向为_____。

    A. Φ8@150   B. Φ8@180   C. Φ10@125   D. Φ10@150

55. 现浇板板底钢筋锚固长度应满足_____。

    A. 伸至梁中心线

    B. 伸至梁中心线且不应小于 5d，d 为受力钢筋直径

    C. 应满足受拉钢筋最小锚固长度

    D. 不应小于 5d，d 为受力钢筋直径

56. 现浇板板上预留的孔洞,当洞口尺寸_____。

    A. 圆形洞直径不大于 300mm 时,受力钢筋绕过孔洞,可不另设补强钢筋

    B. 圆形洞直径不大于 300mm 时,受力钢筋绕过孔洞,且必须另设补强钢筋

    C. 矩形洞边长不大于 300mm 时,受力钢筋截断,可不另设补强钢筋

    D. 矩形洞直径不大于 300mm 时,受力钢筋绕过孔洞,且必须另设补强钢筋

57. 4.150 m 板平法施工图中 LB2 的混凝土最小保护层厚度为_____。

    A. 15 mm   B. 20 mm   C. 25 mm   D. 30 mm

58. 以下说法正确的是_____。

    A. 当柱混凝土强度等级高于梁一个等级时,梁柱节点处混凝土必须按柱混凝土强度等级浇筑

    B. 当柱混凝土强度等级高于梁一个等级时,梁柱节点处混凝土可随梁混凝土强度等级浇筑

    C. 当柱混凝土强度等级高于梁两个等级时,梁柱节点处混凝土可随梁混凝土强度等级浇筑

    D. 柱混凝土强度等级不允许高于梁两个等级

59. 填充墙施工做法正确的是_____。

A. 填充墙顶与梁板底之间不得顶紧

B. 由下而上逐层砌筑至梁板底

C. 填充墙砌至梁板底附近,待砌体沉实后再由上而下逐层用斜砌法顶紧填实

D. 填充墙砌至梁板底附近,待砌体沉实后再由下而上逐层用斜砌法顶紧填实

60. 4.150 板平法施工图中 LB1 板面受力钢筋间距为_____。

A. 100 B. 150 C. 200 D. 250

61. 本工程采用的基础型式为_____。

A. 独立基础 B. 十字交叉条形基础

C. 筏形基础 D. 桩基础

62. 10.750 梁平法施工图 KL1(2) 箍筋加密区间距为_____。

A. 50 B. 100 C. 150 D. 200

63. 梁内第一根箍筋位置为_____。

A. 自柱边起 B. 自梁边起

C. 自柱边或梁边 50 mm 起 D. 自柱边或梁边 100 mm 起

64. ⑤轴交①轴处 KZ4 柱下基础基底标高为_____ m。

A. −1.200 B. −1.300 C. −1.400 D. −2.100

65. 以下说法不正确的是_____。

A. 主梁内在次梁作用处箍筋应贯通布置 B. 未注明附加箍筋肢数同梁箍筋

C. 未注明附加箍筋直径同梁箍筋 D. 未注明附加箍筋间距为 100 mm

66. ⑤—⑥轴间入口雨篷板厚为_____ mm。

A. 120 B. 280 C. 100 D. 150

67. 本工程中散水宽度为_____ mm。

A. 600 B. 800 C. 1 000 D. 1 200

68. ⑧轴交⑤轴处 KZ2 柱中心线与轴线的定位关系是_____。

A. 重合 B. ⑧轴与柱中心线间距 150 mm

C. ⑤轴与柱中心线间距 250 mm D. ⑧轴与柱中心线间距 100 mm

69. 4Φ18 表示的含义正确的是_____。

A. 4 根直径为 18 mm 的 HRB335 钢筋 B. 4 根直径为 18 mm 的 HPB335 钢筋

C. 4 根直径为 18 mm 的 HRBF335 钢筋 D. 4 根直径为 18 mm 的 HRB400 钢筋

参 考 文 献

［1］中华人民共和国住房和城乡建设部.房屋建筑制图统一标准:GB/T 50001—2017［S］.北京:中国计划出版社,2018.

［2］中华人民共和国住房和城乡建设部.总图制图标准:GB/T 50103—2010［S］.北京:中国计划出版社,2011.

［3］中华人民共和国住房和城乡建设部.建筑制图标准:GB/T 50104—2010［S］.北京:中国计划出版社,2011.

［4］中华人民共和国住房和城乡建设部.建筑结构制图标准:GB/T 50105—2010［S］.北京:中国计划出版社,2011.

［5］崔丽萍,杨青山.建筑识图与构造［M］.北京:中国电力出版社,2010.

［6］尼姝丽.画法几何与建筑工程制图［M］.北京:化学工业出版社,2011.

［7］刘小聪.建筑构造与识图［M］.长沙:中南大学出版社,2015.

［8］张天俊,王华阳.建筑识图与房屋构造［M］.武汉:武汉大学出版社,2017.

［9］张艳芳.房屋建筑构造与识图［M］.北京:中国建筑工业出版社,2018.

［10］焦欣欣,高琨,肖霞.建筑识图与构造［M］.北京:北京理工大学出版社,2018.

［11］中华建筑标准设计研究院.16G101-1混凝土结构施工图平面整体表示方法制图规则和构造详图(现浇混凝土框架、剪力墙、梁、板)［M］.北京:中国计划出版社,2016.

［12］中华人民共和国住房和城乡建设部.砌体结构工程施工质量验收规范:GB 50203—2011［S］.北京:中国建筑工业出版社,2011.